Ravindra Parkhe
Manisha Narote

Análise de molas de lâminas compósitas à base de fibra de carbono e resina epóxi

Ravindra Parkhe
Manisha Narote

Análise de molas de lâminas compósitas à base de fibra de carbono e resina epóxi

ScienciaScripts

Imprint

Cover image: www.ingimage.com

This book is a translation from the original published under ISBN 978-3-659-86110-9.

Publisher:
Sciencia Scripts
is a trademark of
Dodo Books Indian Ocean Ltd. and OmniScriptum S.R.L publishing group

120 High Road, East Finchley, London, N2 9ED, United Kingdom
Str. Armeneasca 28/1, office 1, Chisinau MD-2012, Republic of Moldova, Europe
Printed at: see last page
ISBN: 978-620-8-33189-4

RECONHECIMENTO

É com imenso prazer que exprimo a minha sincera e sentida gratidão ao meu orientador, **Prof. S.B. Belkar**, pela sua orientação, encorajamento, apoio moral e afeto durante o meu trabalho. Ele revelou-se um excelente mentor e professor. Aprecio especialmente a sua disponibilidade para me ouvir e orientar para encontrar a melhor solução, independentemente do desafio.

Estou também extremamente grato ao **Prof. R. R. Kharde** e ao **Dr. K. B. Kale**, pela sua motivação e apoio durante o trabalho.

M.S.Mhaske, Coordenador do ME e a todos os professores pela sua cooperação, apoio e encorajamento contínuo ao longo do trabalho.

Estou igualmente grato ao nosso diretor, **Prof. Dr. L B Abhang**, pela sua inspiração.

Este trabalho é também o resultado da bênção, orientação e apoio dos meus pais, familiares e amigos. Por fim, o meu cordial agradecimento a todos os que contribuíram, indireta e materialmente, com palavras e actos, para a realização deste trabalho.

Sr. Parkhe Ravindra Ambadas

ÍNDICE

RESUMO

Reduzir o peso e, ao mesmo tempo, aumentar ou manter a resistência dos produtos está a tornar-se uma questão de investigação muito importante no mundo moderno. Os materiais compósitos são uma das famílias de materiais que estão a atrair os investigadores e que constituem soluções para este problema. Neste projeto, considera-se a redução do peso da mola de lâmina e o aumento ou manutenção da resistência. Como a mola de lâmina contribui com uma quantidade considerável de peso para o veículo, que é cerca de 20% do seu peso total. Foi concebida uma mola de lâmina compósita com uma área de secção transversal constante de fibra de carbono unidirecional e fibra forçada com propriedades mecânicas e geométricas semelhantes às da mola de lâmina. O aço EN47 e a mola de lâmina compósita de carbono/epóxi foram concebidos e simulados com a ajuda do CATIA e analisados com o Ansys 12.0. É produzido um protótipo da mola de lâmina de carbono/epóxi utilizando a técnica de colocação manual. As experiências foram realizadas numa máquina de ensaio universal e a evolução das tensões na EN47 e na mola de lâmina de carbono/epóxi ao longo do vão é estudada utilizando a técnica do extensómetro. E mostra-se que as tensões resultantes do projeto e da simulação são muito inferiores às propriedades de resistência do material, satisfazendo o critério de falha de tensão máxima. Este projeto particular foi concebido especificamente para um sedan leve. Este trabalho trata da substituição da mola de lâmina de aço EN47 por uma mola de lâmina mono-compósita utilizando carbono/epóxi.

VARIÁVEIS, UNIDADES E ABREVIATURAS

U	Strain Energy	KJ/Kg
ζ	Bending Stress	MPa,
ρ	Density	Kg/m^3
E_m	Modulus Of Elasticity Of Matrix Material	MPa
E_f	Modulus Of Elasticity Of Fiber Material	MPa
E_c	Modulus Of Elasticity Of Composite Material	MPa
ζ_m	Tensile Strength Of Matrix Material	MPa
ζ_f	Tensile Strength Of Fiber Material	MPa
ζ_c	Tensile Strength Of Composite Material	MPa
Vm	Volume fraction of the matrix	%
Vf	Volume fraction of the fiber	%
t	Thickness	mm
b	Width	mm
L	Length	mm
M	Maximum Bending Moment	
Z	Section Modulus	
δ	Maximum Deflection	mm
W	Load	N
Syt	Yield tensile strength	MPa
r	Stress level	---
	Fatigue life	cycles
Rg	Strain Resistance	Ω
ε	Strain	---

Capítulo 1

INTRODUÇÃO

1.1 Declaração do problema

Reduzir o peso e, ao mesmo tempo, aumentar ou manter a resistência dos produtos está a tornar-se uma questão de investigação muito importante no mundo moderno. Os materiais compósitos são uma das famílias de materiais que estão a atrair os investigadores e que constituem soluções para este problema. Neste projeto, considera-se a redução do peso da mola de lâmina e o aumento ou manutenção da resistência. Como a mola de lâmina contribui com uma quantidade considerável de peso para o veículo, que é cerca de 20% do seu peso total.

O estudo da literatura mostra que o peso mais elevado da mola de lâmina de aço torna o sistema de suspensão rígido. Considerando que o material compósito tem boas propriedades mecânicas para a aplicação selecionada em comparação com o material convencional. A mola de lâmina é feita de aço e é uma parte importante do sistema de suspensão, pelo que a seleção do compósito adequado para a mola de lâmina do sistema de suspensão e a avaliação das suas propriedades para diferentes fracções de volume das fases de fibra e matriz é a tarefa inicial, para que a mesma abordagem de energia de deformação seja considerada. Em seguida, testar a resistência à flexão e a deflexão para a carga prescrita é outra tarefa. Finalmente, os resultados dos ensaios serão validados utilizando a abordagem de elementos finitos.

1.2 Objectivos:

i. Conceção e fabrico de molas de lâmina compósitas de carbono/epóxi.

ii. Estudo comparativo baseado na análise analítica, FEA e experimental da mola de lâmina EN47 e do compósito carbono/epóxi.

iii. Análise da energia de deformação de molas de lâmina compósitas EN47 e carbono/epóxi.

1.3 Âmbito de aplicação:

i. Espera-se que este trabalho introduza uma nova classe de materiais compósitos.

ii. Este projeto também contribuirá para o desenvolvimento de um novo material compósito avançado e leve que será utilizado para substituir a mola de lâmina de aço.

iii. Os dados fornecidos por este projeto servirão de referência para futuros trabalhos de investigação.

1.4 Metodologia

A experiência foi realizada nas seguintes etapas,

1. Seleção de materiais:

i) Seleção das fibras

ii) Seleção da resina

2. Fabrico de molas de lâmina compósitas através da técnica de colocação manual.

1. Instalação de extensómetros.

2. Ensaio de molas de lâmina:

i) Seleção do parâmetro de funcionamento.

ii) Análise dos dados resultantes.

3. Análise analítica.

4. Análise FEA.

1.5 Organização da dissertação :

O CAPÍTULO II da dissertação inclui a investigação efectuada e fornece o conhecimento sobre o desenvolvimento de novos materiais compósitos e as suas propriedades. O CAPÍTULO III contém a seleção de materiais e o fabrico de molas de lâmina. O CAPÍTULO IV inclui a análise analítica e a análise FEA. O CAPÍTULO V aborda o procedimento experimental e vários trabalhos experimentais em pormenor. O CAPÍTULO VI explica a análise experimental e os seus resultados. Esta dissertação inclui ainda a conclusão, as referências e os certificados.

Capítulo 2

PESQUISA BIBLIOGRÁFICA

O objetivo deste capítulo é apresentar e discutir as várias metodologias e estratégias adoptadas pelos investigadores para prever o desempenho das molas de lâmina compósitas. A revisão centra-se principalmente na substituição de molas de lâminas de aço por molas de lâminas compósitas feitas de polímero forçado com fibra de vidro e a maioria dos trabalhos publicados aplica-se a estas molas.

GSS Shankar et al.[1] trabalharam em "Mono Composite Leaf Spring for Light Weight Vehicle, Design, End Joint Analysis and Testing". Concluíram que, em comparação com a mola de aço, a mola compósita tem tensões muito mais baixas, a frequência natural é mais elevada e o peso da mola é quase 85% mais baixo com a junta de extremidade ligada e com a unidade de olhal completa, segundo o Ansys 10.0. Foi efectuado um estudo comparativo entre a mola de lâmina em compósito e a mola de lâmina em aço no que respeita ao peso, ao custo e à resistência. As juntas de extremidade ligadas adesivamente melhoram o desempenho da mola de lâmina composta para delimitação e concentração de tensões na extremidade, em comparação com as juntas aparafusadas; a mola de lâmina mono composta reduz o peso em 85 % para E-Glass/Epoxy, 91 % para Grafite/Epoxy e 90 % para Carbono/Epoxy em relação à mola de lâmina convencional.

Mouleeswaran Senthil Kumar et al. [2] trabalharam no artigo "Analytical and experimental studies on fatigue life prediction of steel and composite multi-leaf spring for light passenger vehicles are using Life data analysis". Concluiu-se que a conceção e a análise experimental da fadiga de molas multi-folhas compósitas utilizando polímero forçado com fibra de vidro são efectuadas utilizando a análise de dados de vida. Em comparação com a mola de aço, a mola de lâmina compósita apresenta uma tensão 67,35 % inferior, uma rigidez 64,95 % superior e uma frequência natural 126,98 % superior à da mola de lâmina de aço existente. A mola de lâminas múltiplas convencional pesa cerca de 13,5 kg, ao passo que a mola de lâminas múltiplas de vidro E/epóxi pesa apenas 4,3 kg. Assim, consegue-se uma redução de peso de 68,15 %. Para além da redução do peso, prevê-se que a vida à fadiga da mola de lâmina compósita seja superior à da mola de lâmina de aço. A análise dos dados de vida é considerada uma ferramenta para prever a vida à fadiga de molas de lâminas múltiplas compósitas. Verifica-se que a vida útil da mola de lâmina composta é muito superior à da mola de lâmina de aço.

M. M. Patunkar et al.[3] trabalharam no tema "Modelação e análise de molas de lâmina compósitas em condições de carga estática utilizando a FEA". Segundo estes autores, as molas de lâmina são um dos componentes de suspensão mais antigos e continuam a ser frequentemente utilizadas, especialmente em veículos comerciais. A indústria automóvel tem demonstrado um interesse crescente na substituição das molas de aço por molas de lâminas compósitas devido à sua elevada relação resistência/peso. Conclui que, sob as mesmas condições de carga estática, a deflexão e as tensões da mola de lâmina de aço e da mola de lâmina compósita são encontradas com uma grande diferença. A deflexão da mola de lâmina composta é menor em comparação com a mola de lâmina de aço nas mesmas condições de carga. Verificou-se que a mola de lâmina de aço convencional pesa 23 kg, enquanto a mola de lâmina mono de vidro E- Glass/Epoxy pesa apenas 3,59 kg. Indicando reduções de peso de 84,40% ao mesmo nível de desempenho. Em condições de carga máxima, a mola de lâmina composta apresenta também uma deflexão mínima em comparação com a mola de lâmina de aço. A mola de lâmina composta pode ser utilizada em estradas lisas com expectativas de desempenho muito elevadas.

Shishay Amare Gebremeskel et al.[4] trabalharam no tema "Conceção, simulação e prototipagem de uma mola de lâmina única em material compósito para um veículo ligeiro". Neste artigo, considera-se a redução do peso dos veículos e o aumento ou a manutenção da resistência das suas peças sobresselentes. Uma vez que a mola de lâmina contribui com uma quantidade considerável de peso para o veículo e precisa de ser suficientemente forte, uma única mola de lâmina de vidro E/epóxi é concebida e simulada seguindo as regras de conceção dos materiais compósitos, considerando apenas a carga estática. A conceção de molas de lâmina com secção transversal constante é utilizada para tirar partido da facilidade de análise da conceção e do seu processo de fabrico. E mostra-se que as tensões resultantes do projeto e da simulação são muito inferiores às propriedades de resistência do material, satisfazendo o critério de falha por tensão máxima. A mola de lâmina compósita projectada também atingiu uma vida à fadiga aceitável. Este projeto particular foi concebido especificamente para veículos ligeiros de três rodas. O seu protótipo é também produzido utilizando o método de colocação manual. Como a mola de lâmina contribui com uma quantidade considerável de peso para o veículo e precisa de ser suficientemente forte, uma única mola de lâmina de vidro E/epóxi é concebida e simulada seguindo as regras de conceção dos materiais compósitos. E mostra-se que as tensões resultantes do projeto e da simulação são muito inferiores às propriedades de resistência do material, satisfazendo o critério de falha por tensão máxima. Obteve-se uma vida à fadiga aceitável de 221,16x103 ciclos.

Mahmood M. Shokrieh et al.[5] trabalham em "Análise e otimização de uma mola de lâmina composta". Em comparação com a mola de lâmina de aço (9,2 kg), a mola de lâmina composta optimizada sem unidades de olho pesa quase 80% menos do que a mola de aço. A frequência natural da mola de lâmina composta é mais elevada do que a da mola de lâmina de aço e está suficientemente afastada da frequência da estrada para evitar a ressonância. Para unir a mola à carroçaria do veículo, foi utilizada uma camada adicional na extremidade da mola e os olhais de aço foram montados através de parafusos.

Kumar Krishan et al.[6] trabalharam no tema "A Finite Element Approach for Analysis of a Multi Leaf spring using CAE Tools". Os autores referem que foi efectuada uma comparação entre os resultados experimentais e os resultados da análise por elementos finitos para chegar a uma conclusão. O projeto e a análise da tensão-deflexão de uma mola de lâminas múltiplas são realizados por uma abordagem de elementos finitos utilizando ferramentas CAE (ou seja, CATIA, ANSYS). Quando a mola de lâminas está totalmente carregada, observa-se uma variação de 0,632 % na deflexão entre o resultado experimental e o resultado da FEA, e o mesmo no caso de meia carga, o que valida o modelo e a análise. Por outro lado, a tensão de flexão em ambos os casos também está próxima dos resultados experimentais. O valor máximo das tensões equivalentes é inferior à tensão de cedência do material, o que indica que o projeto está protegido contra falhas.

M.Venkatesan et al.[7] trabalharam no tema "Conceção e análise de molas de lâmina compósitas em veículos ligeiros". O seu trabalho descreve a comparação da capacidade de carga, da rigidez e da economia de peso da mola de lâmina composta com a da mola de lâmina de aço. São tomadas as dimensões de uma mola de lâmina de aço convencional existente num veículo comercial ligeiro. As mesmas dimensões da mola de lâmina convencional são utilizadas para fabricar uma mola de lâmina múltipla compósita utilizando laminados unidireccionais de vidro E/epóxi. Em comparação com a mola de aço, verifica-se que a mola de lâmina compósita tem uma tensão 67,35% inferior, uma rigidez 64,95% superior e uma frequência natural 126,98% superior à da mola de lâmina de aço existente. A redução de peso de 76,4% é conseguida através da utilização da mola de lâmina composta optimizada. Conclui que o desenvolvimento de uma mola de lâmina composta com uma área de secção transversal constante, em que o nível de tensão em qualquer estação da mola de lâmina é considerado constante devido ao tipo parabólico da espessura da mola, provou ser muito eficaz. Foi efectuado um estudo comparativo entre o compósito e a mola de lâmina de aço no que respeita ao peso, custo e resistência. Os resultados mostram que a mola de lâmina compósita é mais leve e mais económica do que a mola de aço convencional com especificações de conceção semelhantes. A mola de lâmina compósita reduz o peso em 85% para o vidro E/epóxi, em relação à mola de lâmina convencional.

G Harinath Gowd et al.[8] trabalharam em "Static Analysis of Leaf Spring" (Análise estática da mola de lâmina). Afirmaram que todas as peças que desempenham a função de isolar o automóvel dos choques da estrada são coletivamente designadas por sistema de suspensão. A mola de lâmina é um dispositivo utilizado no sistema de suspensão para proteger o veículo e os ocupantes. Para uma condução segura e confortável, ou seja, para evitar que os choques da estrada sejam transmitidos aos componentes do veículo e para proteger os ocupantes dos choques da estrada, é necessário determinar a carga máxima segura de uma mola de lâmina. Assim, no presente trabalho, a mola de lâmina é modelada e a análise estática é efectuada utilizando o software ANSYS e conclui-se que, para as especificações dadas da mola de lâmina, a carga máxima segura é de 7700N. Observa-se que a tensão máxima se desenvolve no lado interior das secções do olhal, pelo que é necessário ter cuidado na conceção e no fabrico do olhal e na seleção do material. O material selecionado deve ter boa ductilidade, resiliência e tenacidade para evitar a fratura súbita e proporcionar segurança e conforto aos ocupantes.

S .Venkatesh et al.[9] descreveram "Development of Porous Aluminum Foam for Making Commercial Vehicle Leaf Spring" (Desenvolvimento de espuma de alumínio porosa para fabrico de molas de lâminas de veículos comerciais). Eles disseram que diferentes materiais como espuma de alumínio, fibra de vidro, mola de lâmina composta devido à alta resistência à relação de peso. Este trabalho de investigação descreve o desenvolvimento de espuma de alumínio porosa para a produção de molas de lâmina de alumínio com tensões muito inferiores às das molas de lâmina de aço e o peso das molas de lâmina de alumínio foi reduzido até 20%. A tensão e a deflexão são analisadas com recurso à FEA. A mola de lâmina de espuma de alumínio é capaz de suportar a carga estática máxima de 7000 N. O teste de deflexão e a análise FEA para a mola de lâmina de alumínio dão 92 mm. O peso da mola de lâmina espumada é reduzido consideravelmente em cerca de 20% ao substituir a mola de lâmina de aço pela mola de lâmina de alumínio. Assim, o objetivo da massa não suspensa é alcançado em maior medida.

B.Vijaya Lakshmi et al.[10] trabalharam em "Análise estática e dinâmica de molas de lâmina compósitas em veículos pesados". Afirmaram que o epóxi E-glass é melhor do que o aço macio, uma vez que as tensões são um pouco mais elevadas do que as do aço macio, o epóxi E-glass tem um bom valor de tensão de cedência e os componentes de material epóxi são fáceis de fabricar e têm um peso muito baixo em comparação com os materiais tradicionais e também analisámos a mola de lâmina utilizando 12 lâminas. Nessa análise, o vidro S está a ter melhores resultados em comparação com o vidro C, o vidro E e o aço macio. Por isso, é melhor utilizar o epóxi de vidro S e, em comparação com o peso, tem menos peso do que a mola de lâmina tradicional (aço macio). Após a análise estática, analisámos a análise de frequência. Nesta análise, obtivemos os valores de frequência mais próximos para todos os materiais, pelo que, de acordo com a frequência, também podemos utilizar material epóxi para fabricar a mola de lâmina. E também fizemos uma análise harmónica para encontrar valores de tensão na aplicação de cargas harmónicas. Por fim, podemos concluir que o epóxi de vidro S é o melhor material para fabricar molas de lâmina devido à boa estabilidade estrutural, ao baixo custo de produção e à boa eficiência.

M. Raghavedra et al. [11] trabalharam na "Modelação e análise de molas de lâmina compósitas laminadas sob condições de carga estática utilizando FEA". Descreveram uma comparação entre a mola de lâmina mono de aço e a mola de lâmina composta laminada que apresenta tensões 47% inferiores, uma rigidez 25%~65% superior, uma frequência 27%~67% superior e uma redução de peso de 73%~80%. Foi efectuado um estudo comparativo entre a mola de lâmina composta laminada e a mola de lâmina de aço no que respeita ao peso, à rigidez e à resistência. Ao utilizar uma mola de lâmina compósita para a mesma capacidade de carga, verifica-se uma redução do peso de 73%~80%, a frequência natural das molas de lâmina compósita é 27% a 67% superior à da mola de lâmina de aço e 23~65% mais rígida do que a da mola de aço. Com base nos resultados, concluiu-se que a mola de lâmina monofolha em compósito laminado de carbono/epóxi tem uma resistência e rigidez superiores e um peso inferior em comparação com o aço e outros materiais compósitos considerados nesta investigação. A partir dos resultados, observa-se que a mola de lâmina compósita laminada é mais leve e mais económica do que a mola de aço convencional com especificações de conceção semelhantes.

Malaga Anil Kumar et al.[12] trabalharam em "Design Optimization of Leaf Spring, International Journal of Engineering Research and Applications". Segundo eles, foram utilizados três materiais compósitos diferentes para a análise da mola de lâmina monocomposta. São eles o vidro E/epóxi, o grafite/epóxi e o carbono/epóxi. Foram efectuadas análises estáticas e de modelos. A partir dos resultados da análise estática, verifica-se que existe uma deslocação máxima de 92,591 mm na mola de lâmina de aço e as deslocações correspondentes em E-vidro/epóxi, grafite/epóxi e carbono/epóxi são 89,858 mm, 80,369 mm e 82,662 mm. E todos os valores são quase iguais e estão abaixo do comprimento da curvatura para uma determinada carga de 3300N. A partir dos resultados da análise estática, verificamos que a tensão de von-mises no aço é de 596,047MPa. E a tensão de von-mises no vidro E/epóxi, grafite/epóxi e carbono/epóxi é de 475,606MPa, 1556MPa e 1061MPa. Entre os três feixes de molas compósitos, apenas o feixe de molas compósito E-vidro/epóxi apresenta tensões inferiores às do feixe de molas em aço. A rigidez da mola de lâmina de aço é de 35,60N/mm e, da mesma forma, a rigidez das molas de lâmina compostas de vidro E/epóxi, grafite/epóxi e carbono/epóxi é de 36,72N/mm, 39,92N/mm e 41,06N/mm, respetivamente. A mola de lâmina composta de vidro E/epóxi pode ser sugerida para substituir a mola de lâmina de aço, tanto do ponto de vista da rigidez como da tensão. Foi efectuado um estudo comparativo entre a mola de lâmina de aço e a mola de lâmina composta no que respeita à resistência e ao peso. A mola de lâmina composta reduz o peso em 85% para o vidro E/epóxi, 94,18% para o grafite/epóxi e 92,94% para o carbono/epóxi em relação à mola de lâmina convencional. Para a análise modal, são aplicadas as mesmas condições de fronteira e não é necessário aplicar a carga.

Heinz-Gunter Reichwein et al.[13] trabalharam em "Light, Strong and Economical - Epoxy Fiber-Rein forced Structures for Automotive Mass Production". Segundo eles, o tejadilho em CFRP do BMW M3 também apresenta um aspeto de fibra de carbono. A moldagem por transferência de resina e, em certa medida, a pré-impressão, são as tecnologias de processo de eleição, uma vez que permitem ciclos rápidos, um excelente aspeto da superfície e têm potencial para automatização. Além disso, quando se considera a produção em massa efectiva, a produtividade do fabrico de peças compósitas assume uma maior importância. O processamento muito rápido, ou seja, os tempos de ciclo típicos da produção automóvel, requer novas tecnologias químicas e de processamento. Será apresentada uma família de novos sistemas de resina epóxi EPIKOTE™ que satisfazem os requisitos de produção e desempenho do sector automóvel. Além disso, será dada uma perspetiva sobre o que se pode esperar de um parceiro de desenvolvimento e fornecedor dedicado.

Yogesh G. Nadargi et al. [14] trabalharam no projeto "A Per formance Evaluation of Leaf Spring Replacing with Composite Leaf Spring" (Avaliação do desempenho da substituição da mola de lâmina por uma mola de lâmina compósita), com o objetivo de reduzir o peso e o custo de fabrico de uma mola de lâmina monocompósita completa e de uma mola de lâmina monocompósita com juntas de extremidade ligadas. Além disso, estudaram a análise e o projeto. Foi concebida, fabricada (técnica de colocação manual) e testada uma folha única com espessura e largura variáveis para uma área de secção transversal constante de plástico forçado unidirecional reforçado com fibra de vidro (GFRP) com propriedades mecânicas e geométricas semelhantes às da mola de folhas múltiplas. Os resultados mostraram que a largura da mola diminui hiperbolicamente e a espessura aumenta linearmente a partir dos olhos da mola em direção ao assento do eixo. Os resultados dos elementos finitos utilizando o software ANSYS, que mostram as tensões e as deformações, foram verificados com os resultados analíticos e experimentais. As restrições de projeto foram as tensões (critério de falha de Tsai-Wu) e o deslocamento. Em comparação com a mola de aço, a mola compósita tem tensões muito mais baixas, a frequência natural é mais elevada e o peso da mola é quase 85% inferior com a junta de extremidade ligada e com a unidade de olhal completa.

N.Anu Radha et al. [15] estudaram "Stress Analysis and Material Optimization of Master Leaf Spring" (Análise de tensões e otimização de materiais da mola de lâmina principal). Assim, o aço existente, a fibra de carbono e as fibras de boro são avaliadas e optimizadas de acordo com o seu desempenho. O material compósito de fibra de boro pode ser substituído pelo aço existente para a mola de lâmina principal. A mola de lâmina principal é modelada em Pro/E (Wild Fire) 5.0 e a análise é efectuada utilizando ANSYS 13.0 para uma melhor compreensão. O objetivo deste projeto é apresentar a modelação, a análise de tensões e a otimização do material da mola de lâmina principal e comparar os resultados da deformação e das tensões entre a mola de lâmina de aço e as molas de lâmina compósitas nas mesmas condições.

Supriya.Koppula et al.[16] trabalharam em "Static Analysis Of Composite Mono Leaf Spring" (Análise estática de uma mola de lâmina única composta). Descreveram uma lâmina única com espessura e largura variáveis para uma área de secção transversal constante de plástico forçado unidirecional reforçado com fibra de vidro (GFRP) com propriedades mecânicas e geométricas semelhantes às da mola de lâmina múltipla, foi modelada e analisada. Os resultados dos elementos finitos utilizando o software ANSYS, que mostram as tensões e as deformações, foram verificados com os resultados analíticos. As restrições de projeto foram as tensões e o deslocamento. Em comparação com a mola de aço, a mola compósita apresenta tensões e deformações muito inferiores e o peso da mola é quase 78% inferior com a unidade de olhal completa. Além disso, a mesma análise é efectuada para diferentes materiais compósitos e os resultados são comparados para sugerir o melhor material compósito para o fabrico de uma mola mono-folha compósita.

As propriedades mecânicas dos compósitos são outra vantagem em relação aos materiais tradicionais. As molas de lâminas em compósito absorvem a energia mais facilmente do que o aço, proporcionando ao condutor e aos passageiros uma viagem mais confortável e silenciosa.

Resumo

A maior parte do trabalho de investigação incide no desenvolvimento de molas de lâmina compósitas. O trabalho de projeto foi realizado em material compósito carbono/epóxi. Os principais projectistas de automóveis e camiões estão a conseguir poupanças significativas de peso e de custos através da construção de molas de lâmina em materiais compósitos e a obter vantagens de desempenho do material. Os feixes de molas em compósito pesam até 60% menos do que os seus equivalentes em aço. Estas poupanças de peso reduzem os custos, proporcionando ao condutor ou ao operador uma maior capacidade de carga e/ou um menor consumo de combustível. Não são corrosivas e são resistentes aos danos causados pelo sal nos climas de inverno, bem como ao óleo, à gasolina e ao ácido das baterias. Ao contrário do metal, não é necessário revesti-las com tinta protetora anti-corrosão. A substituição das molas de lâminas de aço por molas de lâminas monocompósitas ainda tem de ser melhorada. Daí a necessidade e a atenção de substituir a mola de lâmina de aço por uma mola de lâmina monocomposta para reduzir o peso.

A partir do estudo acima referido, verifica-se que a mola de lâmina é concebida tendo em conta que se comporta como uma viga em consola. Para efeitos de análise, é selecionado o software ANSYS. O fabrico da mola de lâmina compósita de secção transversal constante é feito pela técnica de colocação manual. A amostra é testada experimentalmente através da realização de um ensaio de flexão de ponto único numa máquina de ensaio universal. Em quase todas as referências acima referidas, conclui-se que a utilização de materiais compósitos permite reduzir o peso, com muitas outras vantagens, como a redução do ruído, o aumento da comodidade de condução e a ausência de manutenção.

Tem sido feita muita investigação sobre compósitos de polímeros forçados com fibras naturais, mas a investigação sobre compósitos de polímeros à base de fibras de carbono é muito rara. Neste contexto, o presente trabalho foi realizado com o objetivo de explorar o potencial dos compósitos de fibras poliméricas e de estudar a análise estática e a caraterização mecânica da mola de lâmina.

Capítulo 3

MATERIAL E MÉTODOS

3.1 Geral

Nas molas de lâmina feitas de materiais sólidos, a energia é armazenada como energia de deformação elástica. Além disso, uma vez que uma parte da massa da mola está associada ao movimento vertical da roda, é desejável reduzir a sua massa, bem como outras massas não suspensas, para maximizar o controlo do veículo. Assim, a configuração da mola e o material de construção devem ser selecionados para maximizar a capacidade de armazenamento de energia de deformação por unidade de massa sem exceder os níveis de tensão consistentes com um funcionamento fiável e de longa duração.

3.2 Materiais para molas de lâminas de aço

O material utilizado para as molas de lâmina de aço é geralmente o aço-carbono simples com 0,90 a 1,0 % de carbono. As folhas são tratadas termicamente após o processo de conformação. O tratamento térmico do aço para molas produz maior resistência e, por conseguinte, maior capacidade de carga, maior amplitude de deflexão e melhores propriedades de fadiga.

3.2.1 Composição química da mola de lâmina EN47

A partir do relatório de ensaio dos laboratórios Neptune, é possível encontrar a seguinte composição química para a mola de lâmina existente: essa composição mostra exatamente que a mola de lâmina existente é de material EN47.

Tabela: 3.1 Composição química do material EN47

N.º Sr.	Elemento	Resultado	Valor requerido
1	Carbono %	0.49	0.45-0.55
2	Manganês %	0.8	0.50-0.80
3	Silício %	0.21	0,50 Máximo
4	% de crómio	1.04	0.80-1.20
5	Níquel %	Nulo	-
6	Molibdénio%	Nulo	-
7	Enxofre %	0.018	0,050 Máximo
8	Fósforo %	0.024	0,050 Máximo

Quadro 3.2 Propriedades mecânicas da mola de lâmina de aço [17]

N.º Sr.	Parâmetro	Valor
1	Densidade (*1000 kg/m3)	7800
2	Coeficiente de Poisson	0.30
3	Módulo de elasticidade (GPa)	207
4	Resistência à tração (Mpa)	1962
5	Resistência ao escoamento (Mpa)	1470
6	Dureza (HB)	335

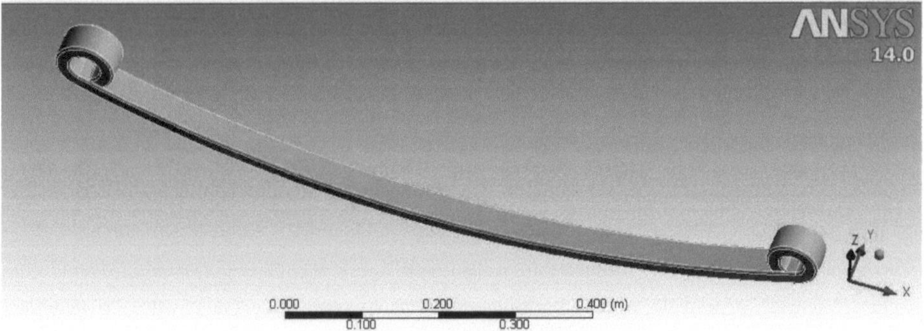

Fig.3.1 Mola de lâmina de aço

3.3 Materiais para molas de lâminas compostas

Muitas das tecnologias modernas requerem materiais com combinações invulgares de propriedades que podem ser obtidas através de metais, ligas metálicas convencionais, cerâmicas e materiais poliméricos, por exemplo, materiais necessários para aplicações aeroespaciais, subaquáticas e de transporte. Por exemplo, os engenheiros que trabalham na indústria aeronáutica procuram e procuram materiais estruturais com baixas densidades, fortes, rígidos e resistentes à abrasão e ao impacto, e que não sejam facilmente corroídos. Obviamente, esta é uma combinação de caraterísticas bastante formidável. Normalmente, os materiais fortes são relativamente densos, aumentando também a resistência ou a rigidez das peças em geral (sinergia). Quando dois materiais se combinam para reforçar a força e unir-se. Os compósitos incluem ligas metálicas multifásicas, cerâmicas e polímeros. Um compósito é considerado um material multifásico que apresenta uma proporção significativa das propriedades de ambas as fases, de modo a obter uma melhor combinação de propriedades. Isto é designado como o princípio da ação combinada. De acordo com este princípio, as melhores combinações são obtidas através da combinação criteriosa de dois ou mais materiais distintos.

3.4 Seleção do material

A mola de lâmina da suspensão é um dos itens potenciais para a redução de peso no automóvel, uma vez que é responsável por dez a vinte por cento do peso sem mola. Isto ajuda a obter um veículo com melhores qualidades de condução. É bem sabido que as molas são concebidas para absorver e armazenar energia e depois libertá-la. Assim, a energia de deformação do material torna-se um fator importante na conceção das molas. A relação da energia de deformação específica pode ser expressa como

$$U = (1/2)*(\zeta^2 / \rho E) \quad (1)$$

Onde, ζ é a resistência, ρ a densidade e E o módulo de Young do material da mola. Pode ser facilmente observado que o material com menor módulo e densidade terá uma maior capacidade de energia de deformação específica. A introdução de materiais compósitos tornou possível reduzir o peso da mola de lâmina sem qualquer redução da capacidade de carga e da rigidez. Com efeito, os materiais compósitos têm uma maior capacidade de armazenamento de energia de deformação elástica e uma elevada relação resistência/peso em comparação com os materiais de aço.

Baseia-se nos pormenores do processamento dos compósitos e nos procedimentos experimentais seguidos para a sua caraterização e avaliação do processo. Os materiais constituem cerca de 60%-70% do custo do veículo e contribuem para a qualidade e o desempenho do veículo. Mesmo uma pequena redução do peso do veículo pode ter um impacto económico mais vasto. Os materiais compósitos são comprovadamente substitutos adequados do aço no que respeita à redução do peso do veículo. Por conseguinte, o material compósito foi selecionado para a conceção da mola de lâmina.

3.4.1 Materiais compósitos

Os materiais compósitos são fabricados através da combinação da força de reforço (fibra) com a matriz (resina), e esta combinação da fibra e da matriz proporciona caraterísticas superiores a qualquer um dos materiais isoladamente. Num material compósito, as fibras suportam a maior parte das cargas e são o principal fator nas propriedades do material. A resina ajuda a transferir a carga entre as fibras, evita que as fibras se deformem e une os materiais.

Os compósitos FRP são definidos como os materiais que consistem em fibras incorporadas numa matriz de resina. O objetivo da combinação de fibras e resinas de natureza diferente é tirar partido das caraterísticas materiais distintivas de cada componente para obter um material de engenharia com a ação compósita global desejada para aplicações específicas. Os compósitos de fibras contínuas com força de armadura contêm forças de armadura com comprimentos muito superiores às suas dimensões de secção transversal. Um compósito deste tipo é considerado um compósito de fibra descontínua ou de fibra curta se as suas propriedades variarem com o comprimento da fibra. As propriedades de engenharia dos compósitos de FRP para aplicações estruturais, na maioria dos casos, são dominadas pelas forças das fibras. Um maior número de fibras dá geralmente origem a uma maior resistência e rigidez. Contudo, rácios fibra/matriz excessivamente elevados podem levar a uma redução da resistência ou a uma falha prematura devido a fratura interna. O comprimento e a orientação das fibras também afectam consideravelmente as propriedades.

- **Classificação dos materiais compósitos**

As classificações dos compósitos baseiam-se geralmente nas formas das armaduras ou nas matrizes utilizadas.

De acordo com o tipo de armaduras, os compósitos classificam-se em

I. Compósitos reforçados com fibras II.

Compósitos forçados a reação de partículas

De acordo com o tipo de matrizes utilizadas, os compósitos são classificados em

I. Compósitos de matriz polimérica

II. Compósitos de matriz metálica III.

Compósitos de matriz cerâmica

Uma classe importante de materiais compósitos é designada por materiais compósitos laminares. São também designados por compósitos laminados ou laminados. Um laminado é normalmente constituído por duas ou mais camadas de compósitos planares em que cada camada (também designada por laminar ou lâmina) pode ser do mesmo material ou de materiais diferentes. No projeto, estamos a considerar os compósitos laminados.

- **Vantagens dos compósitos reforçados com fibras**

As vantagens dos compósitos em relação aos materiais convencionais são

- Elevada relação resistência/peso
- Elevada relação rigidez/peso
- Alta resistência ao impacto
- Melhor resistência à fadiga
- Resistência à corrosão melhorada
- Boa condutividade térmica
- Elevada capacidade de amortecimento

- **Fibras de vidro**

As fibras de vidro são feitas de óxido de silício com adição de pequenas quantidades de outros óxidos.

As fibras de vidro caracterizam-se pela sua elevada resistência, boa resistência à temperatura e à corrosão e baixo preço. Existem dois tipos principais de fibras de vidro: Eglass e S-glass. O primeiro tipo é o mais utilizado e deve o seu nome às suas boas propriedades eléctricas. O segundo tipo é muito forte (S-glass), rígido e resistente à temperatura. São utilizadas como materiais de reforço em muitos sectores, por exemplo, nas indústrias automóvel e naval, no equipamento desportivo, etc. As desvantagens das fibras de vidro são a baixa rigidez, a curta vida à fadiga e a elevada sensibilidade à temperatura.

- **E-Glass / epóxi**

O vidro E-Glass, ou vidro de qualidade eléctrica, foi originalmente desenvolvido para isoladores de suporte para cabos eléctricos. Posteriormente, descobriu-se que tinha excelentes capacidades de formação de fibras e é atualmente utilizado quase exclusivamente como fase forçadora de tensão no material vulgarmente conhecido como fibra de vidro.

As propriedades que tornaram o E-glass tão popular na fibra de vidro e noutros compósitos forçados com fibra de vidro incluem

- Baixo custo
- Elevada taxa de produção
- Alta resistência
- Elevada rigidez
- Densidade relativamente baixa
- Não inflamável

- **Fibras de carbono**

As fibras de carbono são as fibras de reforço mais rígidas e mais fortes para os compósitos poliméricos, sendo as mais utilizadas depois das fibras de vidro. Feitas de carbono puro sob a forma de grafite, têm baixa densidade e um coeficiente negativo de expansão térmica longitudinal. As fibras de carbono são muito caras e podem provocar corrosão galvânica em contacto com metais. São geralmente utilizadas em conjunto com epóxi, quando são necessárias elevada resistência e rigidez, ou seja, em carros de corrida, aplicações automóveis e espaciais, equipamento desportivo. Estas fibras têm uma elevada resistência e rigidez, mas um custo moderadamente elevado. Os compósitos híbridos mais comuns são o epóxi forçado de carbono e aramida, que combina força e resistência ao impacto, e o epóxi forçado de vidro e carbono, que proporciona um material forte a um preço razoável.

- **Materiais compósitos de grafite**

Os materiais compósitos são fabricados através da combinação da força de reforço (fibra) com a matriz (resina), e esta combinação da fibra e da matriz proporciona caraterísticas superiores a qualquer um dos materiais isoladamente. Num material compósito, as fibras suportam a maior parte das cargas e são o principal fator nas propriedades do material. A resina ajuda a transferir a carga entre as fibras, evita que as fibras se deformem e une os materiais. Os compósitos de grafite têm propriedades mecânicas excepcionais que não são igualadas por outros materiais. O material é forte, rígido e leve. O compósito de grafite é o material de eleição para aplicações em que a leveza e o desempenho superior são fundamentais, tais como componentes para naves espaciais, aviões de combate e carros de corrida.[18]

3.4.2 Seleção de fibras

O designer ou especialista em materiais dispõe de uma vasta gama de fibras a partir das quais pode fazer uma seleção. Muitas vezes, uma fibra é selecionada devido às suas propriedades físicas. A seleção da fibra deve também ter em conta as propriedades mecânicas e térmicas. As propriedades mecânicas mais importantes são o módulo e a resistência. As propriedades térmicas incluem o coeficiente de expansão térmica (CTE) e a condutividade térmica.

As vibrações e os impactos verticais são amortecidos por variações na deflexão da mola, de modo a que a energia potencial seja armazenada na mola como energia de deformação e depois libertada lentamente. Assim, o aumento da capacidade de armazenamento de energia de uma mola de lâmina assegura um sistema de suspensão mais complacente. O material utilizado afecta diretamente a quantidade de energia armazenada na mola de lâmina. A energia de deformação específica pode ser escrita como Eq. (1).

$$U= (1/2) \times ((\zeta_t^2)/(\rho E))$$

A partir da Eq. (1), o material com a máxima resistência e o mínimo módulo de elasticidade é o material mais adequado para a aplicação da mola de lâmina.

Na tabela seguinte comparam-se as propriedades físicas de algumas fibras de vidro.

Tabela 3.3: Energia de deformação armazenada pelo material (KJ/Kg)

N.º Sr.	Material	Energia de deformação armazenada pelo material (KJ/Kg)
1	Aço (EN47)	0.67
2	Carbono/epóxi	2.45
3	Vidro E/epóxi	4.5814
4	Vidro C/epóxi	18.76
5	S-2-vidro/epóxi	32.77

As fibras habitualmente utilizadas são as fibras de carbono, vidro, keviar, etc. Entre estas, a fibra de carbono foi selecionada com base na resistência. As vantagens das fibras de carbono incluem uma resistência e um módulo específicos elevados, um baixo coeficiente de expansão térmica e uma elevada resistência à fadiga. Assim, a fibra de carbono foi considerada adequada para esta aplicação.

3.4.3 Seleção da resina

Numa mola de lâmina em PRFV, as resistências ao corte inter-laminar são controladas pelo sistema de matriz utilizado. Uma vez que se trata de fibras de reforço na direção da espessura, as fibras não influenciam a resistência ao corte inter-laminar. Assim, o sistema de matriz deve ter boas caraterísticas de resistência ao cisalhamento interlaminar compatíveis com a fibra de reforço selecionada. Muitas resinas termoendurecíveis, tais como poliéster, éster vinílico e resina epóxi, estão a ser utilizadas para o fabrico de plásticos de reforço de fibras (FRP). Entre estes sistemas de resina, os epóxidos apresentam uma melhor resistência ao cisalhamento inter-laminar e boas propriedades mecânicas. Por conseguinte, os epóxidos são considerados as melhores resinas para esta aplicação. São classificados diferentes graus de resinas epóxidas e combinações de endurecedores, com base nas propriedades mecânicas.

Entre estes graus, o grau de resina epoxídica selecionado é o Dobeckot 520 F e o grau de endurecedor utilizado para esta aplicação é o 758. O Dobeckot 520 F é uma resina epoxídica sem solventes. Esta, em combinação com o endurecedor 758, cura a resina dura. O endurecedor 758 é uma poliamina de baixa viscosidade.

As resinas epoxídicas são pré-polímeros de peso molecular relativamente baixo, capazes de serem processados numa variedade de condições. Duas vantagens importantes destas resinas em relação às resinas de poliéster insaturado são: em primeiro lugar, podem ser parcialmente curadas e armazenadas nesse estado e, em segundo lugar, apresentam uma baixa contração durante a cura. Aproximadamente 45% da quantidade total de resinas epoxídicas produzidas é utilizada em revestimentos de proteção, enquanto o restante é utilizado em aplicações estruturais, como laminados e compósitos, ferramentas, moldagem, fundição, construção, adesivos, etc.[20]

As combinações Dubeckot 520 F, Hardener 758 são caracterizadas por

i. Boas propriedades mecânicas e eléctricas

ii. Cura mais rápida à temperatura ambiente

iii. Boas propriedades de resistência química

3.5 Seleção de design

A mola de lâmina comporta-se como uma viga simplesmente apoiada e a análise de flexão é efectuada considerando-a como uma viga simplesmente apoiada. A viga simplesmente apoiada está sujeita a tensões de flexão e a tensões de corte transversais. A rigidez à flexão é um parâmetro importante no projeto da mola de lâmina e é testada para aumentar das duas extremidades para o centro.

3.5.1 Espessura constante, design de largura variável

Nesta conceção, a espessura é mantida constante ao longo de todo o comprimento da mola de lâmina, enquanto a largura varia de um mínimo nas duas extremidades para um máximo no centro.

3.5.2 Largura constante, design de espessura variável

Nesta conceção, a largura é mantida constante ao longo de todo o comprimento da mola de lâmina, enquanto a espessura varia de um mínimo nas duas extremidades para um máximo no centro.

3.5.3 Conceção de secção transversal constante

Nesta conceção, tanto a espessura como a largura variam ao longo da mola de lâmina, de modo a que a área da secção transversal permaneça constante ao longo do comprimento da mola de lâmina. Entre os conceitos de conceção acima referidos, o método de conceção de secção transversal constante é selecionado devido à sua capacidade de produção em massa e de acomodação do reforço contínuo das fibras. Uma vez que o método de conceção de seleção constante varia ao longo da mola de lâmina, a mesma quantidade de fibra de reforço e de resina pode ser alimentada continuamente durante o fabrico. Além disso, é bastante adequado para a técnica de assentamento manual.[7]

3.6 Fabrico de compósitos forçados com fibras

Foram desenvolvidos vários processos para produzir e moldar os compósitos forçados com fibras. As variações baseiam-se principalmente na orientação das fibras, no comprimento dos filamentos contínuos e na propriedade do produto final. Cada uma delas procura incorporar as fibras numa matriz selecionada com o alinhamento e o espaçamento adequados necessários para produzir as propriedades desejadas. As fibras descontínuas podem ser combinadas com uma matriz para produzir uma orientação aleatória ou preferida. As fibras contínuas são normalmente alinhadas de forma unidirecional em varas ou fitas, tecidas em camadas de tecido, enroladas à volta de um mandril.

3.7 Tipos de processos de fabrico

- Pultrusão
- Enrolamento de filamentos
- Processo de tipo de laminação
- Técnica de colocação manual

3.7.1 Técnica de colocação à mão

Normalmente, o trabalho é efectuado num molde fêmea - um molde de PRFV com uma superfície de gel coat polido no interior. Tendo adquirido e instalado o molde numa altura de trabalho conveniente na oficina, deve ser adotado o seguinte procedimento:

Lave cuidadosamente o molde com água morna e sabão suave para remover qualquer agente de libertação de PVC antigo, pó, gordura, marcas de dedos, etc. Secar bem o molde.

Verificar se a superfície do molde apresenta lascas ou defeitos. Estas devem ser reparadas através do enchimento com massa de poliéster e do corte com papel húmido/seco. As pequenas lascas podem ser temporariamente reparadas através do enchimento com material de enchimento.

Se a superfície do molde estiver em boas condições, a cera desmoldante é agora aplicada, com movimentos circulares, utilizando um pequeno pedaço de pano. Três camadas de cera são suficientes para uma superfície de molde que tenha sido previamente "amaciada", mas uma superfície de molde nova necessitará de, pelo menos, seis aplicações. Cada aplicação é polida até obter um brilho elevado com um grande pedaço de pano de queijo, depois de ser deixada a endurecer durante 15-20 minutos. Deve ter-se o cuidado de remover todas as marcas de cera. Certifique-se de que a cera é polida e não removida por um polimento agressivo. A falta de cuidado nesta fase pode resultar em aderência. Verificar a aplicação de acordo com as instruções do fabricante.

Aplicar cuidadosamente a solução de álcool polivinílico (PVA - azul ou transparente) com um pedaço de esponja ou espuma de borracha. Evitar passar mais do que uma vez com a esponja sobre a superfície do molde, pois isso pode levantar a camada de PVA previamente aplicada. A solução de PVA deve secar completamente antes da aplicação do gel coat. A uma temperatura ambiente normal de aproximadamente 21°C, isto demora cerca de 20 minutos. É necessária uma área seca e sem pó.

Pesa-se o gel coat e agita-se a quantidade correta de catalisador. Na indústria, o gel coat é normalmente pulverizado sobre a superfície do molde ou aplicado com pincel ou rolo de lã de carneiro grande (50-120 mm), sendo o pincel o mais adequado. Deve ter-se o cuidado de assegurar uma cobertura uniforme do gel coat, sem manchas, sulcos profundos, sulcos pouco profundos e bolhas de ar. [21]

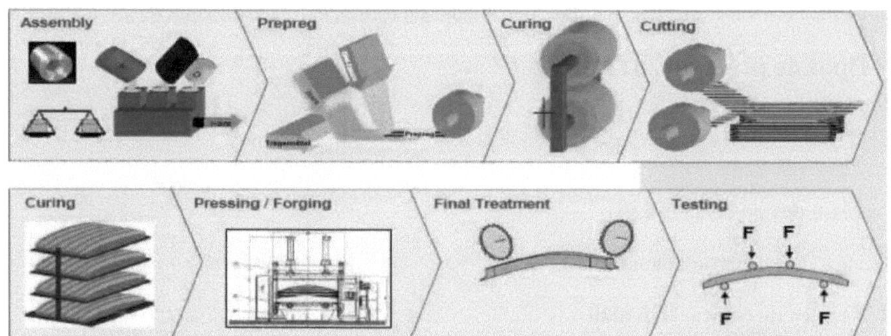

Fig: 4.4 O processo de fabrico da mola de lâmina de material compósito

3.8 Processamento dos compósitos

As fibras de carbono são forçadas com resina epóxi Dubeckot 520F, quimicamente pertencente à família dos epóxidos, utilizada como material de matriz. O seu nome comum é éter diglicidílico de bisfenol a. A resina epóxi de cura a baixa temperatura e o endurecedor correspondente são misturados numa proporção de 10:1 em peso, conforme recomendado. A resina epóxi e o endurecedor são fornecidos pela Dr. Nano NIC Ltd. A fração de peso da fibra de carbono no compósito é mantida em 60% para as amostras.

O material utilizado é a fibra de carbono grosseiramente tecida, com uma densidade de 1,6x10-6 kg/mm3 , que proporciona a máxima resistência à tração e tenacidade. A seleção da resina foi o principal fator porque influencia a economia da mola de lâmina para reduzir o prémio. A resina utilizada foi a Dobeckot 520 F. O endurecedor 758 é utilizado com esta resina. A matriz preparada consiste num rácio de massa de 10:1. O rácio de massa da resina, do endurecedor e da fibra foi calculado para cada percentagem de peso do compósito com base no tamanho do molde, na espessura desejada do compósito e na densidade da fibra e do epóxi. Cada % de peso foi preparada num frasco separado. Para facilitar a molhagem das fibras e da resina epoxídica, selecionou-se um tempo de vida útil de 2 h.

3.9 Fabrico de protótipos

Utilizámos um método de colocação manual para produzir o protótipo de uma mola dc lâmina composta simples. O desenho de secção transversal constante é utilizado para acomodar a força de reforço contínua das fibras e é bastante adequado para a técnica de colocação manual. São utilizadas camadas de fibra de carbono de 0,4 mm de espessura cada para obter 20 mm de espessura da mola de lâmina projectada. Os passos seguintes são seguidos durante a criação do protótipo:

Preparação de moldes de acordo com a forma da mola de lâmina e a configuração.

Preparação das placas de reforço e de aperto.

Corte de fibras nas dimensões pretendidas.

Aplicação de cera/gel no lado da fibra do molde inferior para facilitar a remoção.

Preparar a mistura de Dubeckot 520 F (resina epoxídica) e endurecedor 758 (endurecedor) na proporção de 10:1. Aplicar a mistura logo acima da cera.

Começar a colocar a primeira camada e aplicar novamente a matriz sobre ela, repetir o mesmo procedimento até à espessura desejada. Aplique bem a matriz na camada superior e cubra o molde superior depois de a película de cera estar pronta no lado da fibra. Coloque o reforço no molde coberto e fixe-o firmemente utilizando as placas e os grampos em C.

Fig. 3.5: Mola de lâmina em compósito de carbono/epóxi a curar no molde.

Deixar a mola de lâmina composta curar o suficiente à temperatura ambiente.

Retire-o do conjunto e corte o material em excesso.

Fig. 3.6: Protótipo final recortado da mola de lâmina composta de carbono/epóxi

O material utilizado foi o contraplacado para a preparação do molde. O molde foi fabricado de acordo com a dimensão desejada. Comprimento do arco = 985 mm. Comprimento do molde = 1115 mm, largura = 40 mm, altura do arco no eixo = 125 mm. O desenho da secção transversal constante assegura a passagem contínua da fibra sem interrupção ao longo da direção do comprimento, o que é vantajoso para a estrutura forçada da fibra. As fibras de carbono foram cortadas no comprimento desejado, de modo a poderem ser depositadas no molde camada a camada durante o fabrico da mola de lâmina composta. Aplicar a cera/gel. Preparar a solução de resina e colocar a primeira camada de tapete de fibra de carbono cortada no molde, seguida da solução de resina epóxi sobre o tapete. Aguardar 5-10 minutos. Repetir o procedimento até obter a espessura desejada. A duração do processo pode demorar entre 25 e 30 minutos. Por fim, retirar a mola de lâmina do molde.

Desta forma, seleccionamos o material para a mola de lâmina composta de fibra de carbono e resina epóxi, ou seja, Dobeckot 520F e Hardener 758. A mola de lâmina é fabricada com a ajuda da técnica de colocação manual.

3.10 Volume ótimo de fibra e matriz no compósito:

Os materiais compósitos podem ser isotrópicos ou anisotrópicos, o que é determinado pela estrutura dos compósitos.

Um material isotrópico é um material cujas propriedades não dependem da direção de medição. Um material anisotrópico é um material cujas propriedades ao longo de um determinado eixo ou paralelamente a um determinado plano são diferentes das propriedades medidas ao longo de outras direcções.

A regra das misturas é um método de abordagem para a estimativa aproximada das propriedades de materiais compósitos, com base no pressuposto de que uma propriedade composta é a média ponderada em volume das propriedades das fases (matriz e fase dispersa).

De acordo com a Regra das Misturas, as propriedades dos materiais compósitos são estimadas da seguinte forma:

I. Densidade

II. Coeficiente de expansão térmica

III. Módulo de elasticidade

IV. Módulo de cisalhamento

V. Rácio de Poisson

VI. Resistência à tração

I. Densidade

dc = dm*Vm + df*Vf

Onde,

dc=densidade do compósito,

dm- densidade da matriz ,

df- densidade da fibra,

Vm= fração volumétrica da matriz,

Vf=fração de volume da fibra.

II. Módulo de elasticidade

Módulo de elasticidade na direção longitudinal (Ecl)

Ecl = Em*Vm + Ef*Vf

Módulo de elasticidade na direção transversal (Ect)

1/Ect = Vm/Em + Vf/Ef

III. Módulo de cisalhamento

Gct = Gf Gm/(Vf Gm + VmGf)

Onde:

Gf = módulo de elasticidade de cisalhamento do material fibroso;

Gm = módulo de elasticidade de cisalhamento do material da matriz;

IV. Rácio de Poisson

$\mu 12 = vf\, \mu f + Vm\mu m$

Onde:

μf = rácio de Poisson do material fibroso;

μm = coeficiente de Poisson do material da matriz;

V. Resistência à tração

Resistência à tração de um compósito de fibras longas forçado com canas na direção longitudinal

$\zeta c = \zeta m * Vm + \zeta f * Vf$

Onde,

ζc = resistência à tração do compósito,

ζm = resistência à tração da matriz ,

ζf = resistência à tração da fibra,

Tabela 3.4 Propriedades da fibra de carbono e do material de resina epóxi

Material	Fibra de carbono	Resina epoxídica
Módulo de elasticidade (GPa)	300	3.45
Módulo de cisalhamento (GPa)	30	1.2
Resistência à tração: GPa	4.5	69
Densidade (Kg/m)^3	1.7	1.2
Rácio de Poisson	0.15	0.37

Tabela 3.5 Volume ótimo de fibra e matriz no compósito

Sr, Não	VM %	VF %	Módulo de elasticidade do compósito	Resistência à tração longitudinal do compósito	Observação
1	70	30	92415 MPa	1398 MPa	A resistência é muito baixa
2	60	40	123000 MPa	1841 Mpa	Valor ótimo
3	50	50	151725 MPa	2284 MPa	Elevado valor de elasticidade

A comparação acima mostra que a fração óptima de volume da fase de matriz selecionada é de 60% e para a fase de fibra é de 40%.

Tabela 3.6 Propriedades mecânicas do material de resina de carbono/epóxi

N.º Sr.	Parâmetro	Valor
1	Módulo de tração ao longo da direção X Ex, MPa	123000
2	Módulo de elasticidade ao longo da direção Y Ey, Mpa	7.7
3	Módulo de tração ao longo da direção Z Ez, MPa	4.2
4	Resistência à tração do material, Mpa	1841
5	Resistência à compressão do material, MPa	920
6	Rácio de venenos	0.282
7	Densidade Kg/m^3	1400

Capítulo 4

ANÁLISE ANALÍTICA E FEA DA MOLA DE LÂMINA

4.1 Cálculo da tensão teórica

Uma vez que a mola de lâmina está fixa com o eixo no seu centro, apenas metade da mesma é considerada para efeitos de análise;

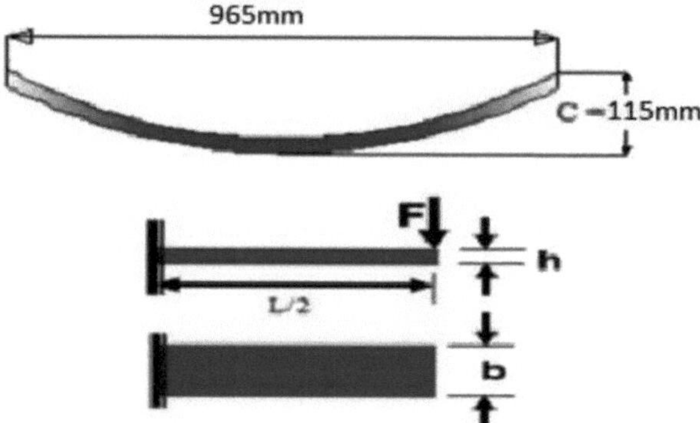

Fig. 4.1 Dimensões e diagrama de corpo livre para analisar metade da mola de lâmina

O desempenho da mola de lâmina de aço existente foi comparado com o da mola de lâmina compósita fabricada. Os ensaios foram efectuados para a mola de lâmina composta unidirecional de carbono/epóxi. Uma vez que a mola de lâmina compósita é capaz de suportar a carga estática, conclui-se que não há objeção do ponto de vista da resistência também, no processo de substituição da mola de lâmina convencional pela mola de lâmina compósita. Uma vez que a mola compósita foi concebida com a mesma rigidez que a mola de lâmina de aço, considera-se que ambas as molas são praticamente iguais em termos de estabilidade do veículo. As principais desvantagens das molas de lâminas compósitas são, por vezes, a rutura das fibras. Quando a mola de lâmina composta é atingida por uma pedra, existe a possibilidade de quebra das fibras. Isto pode resultar numa perda de capacidade de rigidez à flexão. Mas isto depende do estado da estrada. Em condições normais de estrada, este tipo de problema não ocorrerá.

4.1.1 Conceção analítica

Tensão de flexão e deflexão da mola de lâmina

As molas de lâmina (também conhecidas como molas planas) são feitas de placas planas. A vantagem das molas de lâmina em relação às molas helicoidais é que as extremidades da mola podem ser guiadas ao longo de uma trajetória definida à medida que se deformam, actuando como um elemento estrutural para além de um dispositivo de absorção de energia. Assim, as molas de lâmina podem suportar cargas laterais, binário de travagem, binário de condução, etc., para além de choques.

Considere-se uma placa simples fixa numa extremidade e carregada na outra. Esta placa pode ser utilizada como uma mola plana.

Seja, t = espessura da placa

b = largura da placa, e

L = comprimento da placa ou distância da carga W da extremidade do cantilever.

Sabemos que o momento fletor máximo na extremidade do consola

M = W.L

E o módulo de secção,

Z =Y/I

Onde

I = (b.t3 / 12) e Y = t/2

Assim

Z = b.t2 / 6

A tensão de flexão numa mola deste tipo,

ζ = M / Z = (6W.L) / b.t2

Sabemos que a deflexão máxima para um cantilever com carga concentrada na extremidade livre é dada por

δ = W.L3 / 3.E.I = 2 ζ.L2 / 3.E.t

Pode notar-se que, devido ao momento fletor, as fibras superiores estarão em tensão e as fibras inferiores em compressão, mas a tensão de corte é zero nas fibras extremas e máxima no centro, pelo que, para a análise, não é necessário ter em conta ambas as tensões simultaneamente. Consideraremos apenas a tensão de flexão.

Do acima exposto, vemos que uma mola como a mola de automóvel (mola elíptica) com , comprimento 2L e carga no centro por uma carga 2W pode ser tratada como um cantilever duplo.[21]

4.1.2 Dados de conceção específicos

Aqui, o peso e as medidas iniciais do veículo ligeiro de quatro rodas "Model: Maruti Suzuki Alto" são tomadas.

Peso do veículo= 910 kg

Capacidade máxima de carga= (5*90) = 450 kg

Peso total= 910 + 450 = 1360 kg;

Aceleração devida à gravidade (g) = 10 m/s2

Para tal; Peso total (W") = 1360*10 = 13600 N

Uma vez que o veículo tem 4 rodas, uma única mola de lâmina correspondente a uma das rodas ocupa um quarto do peso total.

A carga em cada roda é,

F = 13600/4 = 3400 N.

A carga em cada olhal da mola é de 1700 N.

4.1.3 Dados de projeto para molas de lâminas compostas

Uma vez que a mola de lâmina está fixa com o eixo no seu centro, apenas metade da mesma é considerada para efeitos de análise; uma vez que a análise de metade da mola de lâmina é suficiente, teria sido considerada metade da força aplicada. Mas, neste caso, tomámos em consideração as cargas excessivas do veículo e as flexões do feixe de molas.

Do ponto de vista do material, é selecionado um material compósito unidirecional de carbono/epóxi. É selecionado devido às suas vantagens relativas referidas na revisão da literatura acima, principalmente a elevada relação resistência/peso e a elevada capacidade de armazenar energia de deformação na direção longitudinal das fibras.

Temos de encontrar t=? E b=?

$$\zeta_{ax} = 6 \ /bt^2 \qquad 4.1$$

$$\delta \ ax = 4 \ ^3/Ebt^3 \qquad 4.2$$

$$h = \zeta_{ax} \ ^2/E*\delta_{ax} \qquad 4.3$$

Uma vez que consideramos metade da mola de lâmina, substituímos "L/2" em vez de "L" para calcular "h" e "b" Como as extremidades da mola de lâmina são articuladas, toda a mola de lâmina só será carregada sob tensão. Assim, consideramos apenas as propriedades longitudinais.[22]

Para carbono/epóxi

Tensão máxima (ζ_{max}) = 920 MPa

Deformação máxima (δ_{max}) = 115 mm

Dados medidos do veículo ligeiro de quatro rodas acima referido

Comprimento reto da mola de lâmina (L) = 965 mm

A equação 4.3 será escrita como:

$$t = \zeta_{ax} *(\ /2)^2 / \ 1\delta_{ax}$$

$$= (920*550^2)/ \ (123000*115)$$

t = 19,67 mm =20 mm

Rearranjando a equação 4.1 e resolvendo para a largura "b";

$b = 6\ (\ /2)/\zeta_{axt}^{2}$

$= (6*3400*550)/(920*20*20)=30.48$ mm $=35$mm

Quadro 4.1 Especificação da mola de lâmina de aço

Parâmetro	Valor mm
Comprimento reto	965
Espessura da folha	10
Largura da folha	50
Camber	110

Quadro 4.2 Especificação da mola de lâmina composta

Parâmetro	Valor mm
Comprimento reto	955
Espessura da folha no centro	20
Espessura da folha na extremidade	08
Largura da folha no centro	35
Largura da folha na extremidade	50
Camber	115

4.2 Conceção de uma mola de lâmina de aço

Espessura da placa, t = 10mm.

Largura da placa, b = 50mm.

Comprimento da placa ou distância da carga W da extremidade do cantilever, L = 550mm.

Módulo de elasticidade de Youngs, E = 2,07 x 105 Mpa.

Resistência à tração no limite de elasticidade, Syt = 1034 Mpa.

Densidade, = 7800 Kg/m3.

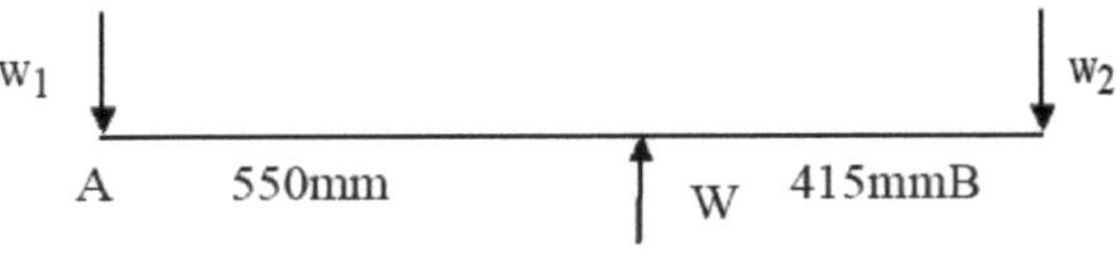

Fig 4.2 FBD para mola de lâmina de aço

W= carga central, (N).

w_1 e w_2 =carga cantilever,

N. Momento no ponto B,

965 x wi = 415 x W

w1=0,4301 x W.

Tensão de flexão, ζ = M / Z = (6W.L) / b.t2

ζ = (6 x w1 x 550)/(50 x (102))

ζ = 0,66 x w1.

Deflexão, δ = W.L3 / 3.E.I = 2 ζ.L2 / 3.E.t

δ= 2 x ζ x (5502)/(3 x 2,07 x 105 x 10)

δ=0,09742 x ζ

4.3 Conceção de molas de lâminas de carbono/epóxi

Espessura da placa, t = 20mm.

Largura da placa, b = 35 mm.

Comprimento da carga W a partir da extremidade do cantilever, L = 550mm.

Módulo de elasticidade de Youngs, E = 123000 Mpa.

Resistência à tração no limite de elasticidade, Syt = 1841 Mpa.

Densidade, = 1400 Kg/m3.

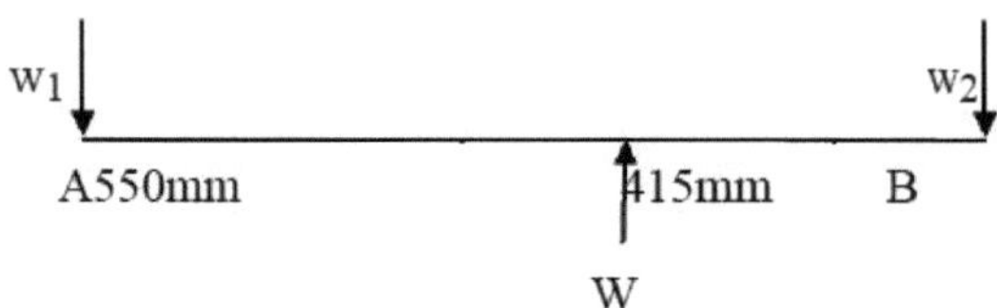

Fig 4.3 FBD para mola de lâmina de carbono/epóxi W= carga central, N.

w1=carga de cantilever, N.

Momento no ponto

B, 965 x w1 = 415 x W

w1=0,4301 x W.

Tensão de flexão, ζ = M / Z = (6W.L) / b.t2

ζ = (6 x w x 550)/ (35 x (202))

ζ = 0,2357 x w1.

Deflexão, δ = W.L3 / 3.E.I = 2 ζ L2 / 3.E.t

δ= 2 x ζ x (5502)/ (3 x 123000x 20)

δ=0,0820 x ζ

4.4 Exemplo de cálculo da energia de deformação

Agora, usando a equação da energia de deformação

$$U= (\zeta^{2} / 2\rho E)$$

$$=(1/(2*7.8*0.207)* \zeta^{2}$$

$$=(1/(2*1.4*0.123)* 10.14^{2}$$

$$= 0.39 \text{ J/Kg}$$

Tabela 4.3 Tensão de flexão e deflexão da mola de lâmina de carbono/epóxi

N.º Sr.	Carga central (W)	Carga em consola w1	carbono/epóxi			PT 47		
			Tensão de flexão (ζ)	Deflexão (δ)	Energia de deformação	Tensão de flexão (ζ)	Deflexão (δ)	Energia de deformação
	N	N	MPa	mm	J/Kg	MPa	mm	J/Kg
1	100	43.01	10.14	0.83	0.30	28.39	2.77	0.25
2	200	86.02	20.27	1.66	1.19	56.77	5.53	1.00
3	300	129.03	30.41	2.49	2.69	85.16	8.30	2.25
4	400	172.04	40.55	3.33	4.77	113.55	11.06	3.99
5	500	215.05	50.69	4.16	7.46	141.93	13.83	6.24
6	600	258.06	60.82	4.99	10.74	170.32	16.59	8.98
7	700	301.07	70.96	5.82	14.62	198.71	19.36	12.23
8	800	344.08	81.10	6.65	19.10	227.09	22.12	15.97
9	900	387.09	91.24	7.48	24.17	255.48	24.89	20.21
10	1000	430.1	101.37	8.31	29.84	283.87	27.65	24.95
11	1100	473.11	111.51	9.14	36.11	312.25	30.42	30.19
12	1200	516.12	121.65	9.98	42.97	340.64	33.19	35.93
13	1300	559.13	131.79	10.81	50.43	369.03	35.95	42.17
14	1400	602.14	141.92	11.64	58.49	397.41	38.72	48.91
15	1500	645.15	152.06	12.47	67.14	425.80	41.48	56.15

16	3400	1462.34	344.67	28.26	344.95	965.14	94.02	288.46

4.5 Cálculos de fadiga

Podemos calcular a vida à fadiga, o número de ciclos até à falha, da mola de lâmina utilizando a equação

$= \{B (1 -)\}^{1/}$;

Onde,

B=10,33; C=0,14012;

Nível de tensão (r) = (ζmax/ ζ)t

$_{max}$ ζ= Tensão máxima;

$_{t}$ ζ= Resistência à tração.

A) para molas de lâminas de carbono/epóxi

r= 344.67/1841= 0.19;

Então,

$= \{10.33(1 - 0.19)\}^{1/0.14012}$

= 3934303 cycles.

B) para molas de lâmina de aço

r= 344.674/1962= 0.4903;

Então,

$= \{10.33(1 - 0.4903)\}^{1/0.14012}$

= 137623 cycles.

Quadro 4.4 Vida útil à fadiga da mola de lâmina EN47 e carbono/epóxi

N.º Sr.	Carga (N)	PT 47			Epóxi de carbono		
		Tensão (N/mm2)	Nível de stress (r)	Vida útil à fadiga (ciclos)	Tensão (N/mm2)	Nível de stress (r)	Vida útil à fadiga (ciclos)
1	400	113.55	0.06	11287476	40.55	0.02	14734617
2	500	141.93	0.07	10107170	50.69	0.03	14152659
3	600	170.32	0.09	9034585	60.82	0.03	13590577

4	700	198.71	0.10	8061369	70.96	0.04	13047798
5	800	227.09	0.12	7179695	81.10	0.04	12523763
6	900	255.48	0.13	6382242	91.24	0.05	12017930
7	1000	283.87	0.14	5662169	101.37	0.06	11529763
8	1100	312.25	0.16	5013089	111.51	0.06	11058749
9	1200	340.64	0.17	4429046	121.65	0.07	10604372
10	1300	369.03	0.19	3904494	131.79	0.07	10166146
11	1400	397.41	0.20	3434275	141.92	0.08	9743579
12	1500	425.80	0.22	3013594	152.06	0.08	9336204
13	3400	965.14	0.49	137623	344.67	0.19	3934303

Capítulo 5

ANÁLISE DE ELEMENTOS FINITOS

5.1 Preparação e formulação de modelos

A modelação de sólidos é o primeiro passo para efetuar qualquer análise e teste em 3D e dá uma imagem física em 3D de novos produtos. Os modelos de EF podem ser facilmente criados a partir de modelos sólidos através do processo de criação de malhas. Os modelos sólidos podem ser preparados como modelos de ensaio, sendo enviados em formato ".stl" para máquinas de prototipagem rápida. Os modelos de prototipagem rápida dão a oportunidade de mostrar o modelo ou o conjunto numa apresentação antes de ser fabricado.

Os modelos de EF podem ser feitos manualmente apenas para casos simples. No entanto, se o modelo tiver uma forma complexa, a única forma de preparar o modelo de EF é "engrenar o modelo sólido" utilizando um programa de computador adequado. Os pacotes de modelação de sólidos disponíveis no mercado são

I-DEAS

PRO-E

UNIGRÁFICOS

BORDAS SÓLIDAS

No presente trabalho, como a mola de lâmina é de configuração simples, a modelação foi efectuada em CATIA. O software ANSYS 12 é utilizado para modelar e analisar a mola de lâmina em aço e em material compósito.

5.1.1 Modelação de sólidos

Para modelar a mola de aço, são escolhidas as dimensões de uma mola de lâmina convencional de um veículo comercial ligeiro. Uma vez que a mola de lâmina é simétrica em relação ao eixo neutro, apenas metade da mola de lâmina é modelada, considerando-a como uma viga em consola. A carga é aplicada na base da mola de lâmina no meio, na direção ascendente.

5.1.2 Especificações para a mola de lâmina de aço

Modelo: Maruti Suzuki Alto

Suspensão: Folha traseira

Comprimento do vão: 965 mm

Largura: 50 mm

Espessura: 10 mm Exterior

Diâmetro do olho:50mm Diâmetro de

parafuso central: 8 mm

Camber: 135 mm

Peso bruto do veículo: 1185 kg

5.1.3 Propriedades geométricas de molas de lâmina compósitas de carbono/epóxi

Suspensão: Folha traseira

Comprimento do vão: 965 mm

Largura: 35 mm

Espessura: 20 mm

Diâmetro do olho exterior: 50 mm

Diâmetro do parafuso central: 8 mm

Camber: 115 mm

A Fig. 5.1 e a Fig. 5.2 mostram o modelo sólido da mola de lâmina de aço e das molas de lâmina monocompostas modeladas com o software Pro-E.

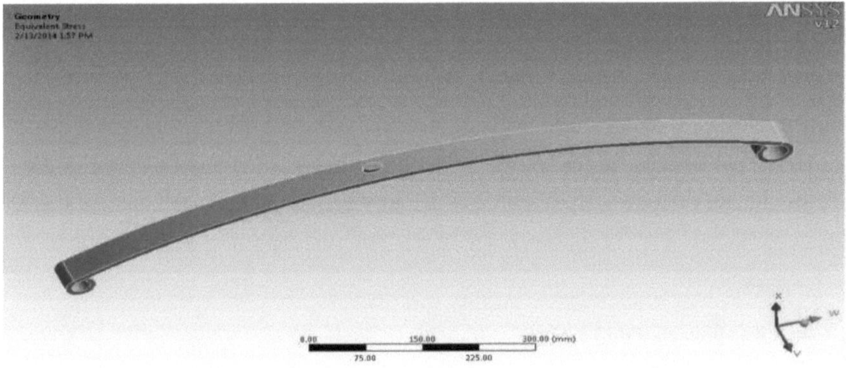

Fig.5.1 Modelo sólido da mola de lâmina de aço

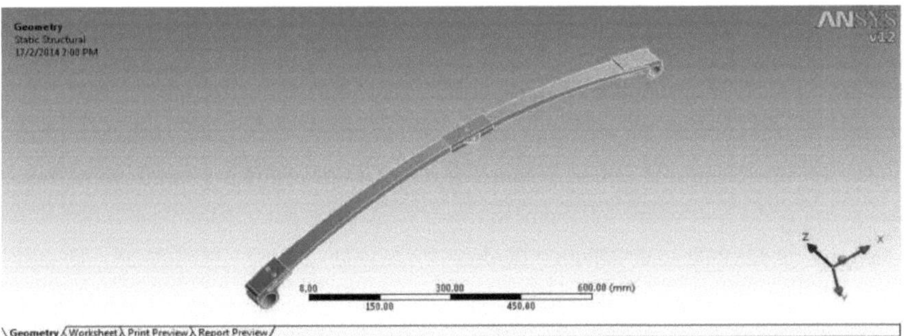

Fig.5.2 Modelo sólido da mola de lâmina compósita de carbono/epóxi

5.2 Análise de elementos finitos

A Análise de Elementos Finitos (FEA) é uma técnica numérica baseada em computador para calcular a resistência e o comportamento de estruturas de engenharia. Pode ser utilizada para calcular a deflexão, a tensão, a vibração, o comportamento de encurvadura e muitos outros fenómenos. Pode ser utilizada para analisar deformações de pequena ou grande escala, sob carga ou deslocamentos aplicados. Pode analisar a deformação elástica ou a deformação plástica "permanentemente deformada". O computador é necessário devido ao número astronómico de cálculos necessários para analisar uma estrutura de grandes dimensões. A potência e o baixo custo dos computadores modernos tornaram a Análise por Elementos Finitos acessível a muitas disciplinas e empresas.

No método dos elementos finitos, uma estrutura é dividida em muitos pequenos blocos ou elementos simples. O comportamento de um elemento individual pode ser descrito com um conjunto de equações relativamente simples. Tal como o conjunto de elementos seria unido para construir a estrutura completa, as equações que descrevem os comportamentos dos elementos individuais são unidas num conjunto extremamente grande de equações que descrevem o comportamento de toda a estrutura. O computador pode resolver este grande conjunto de equações simultâneas. A partir da solução, o computador extrai o comportamento dos elementos individuais. A partir daí, pode obter a tensão e a deflexão de todas as partes da estrutura. As tensões serão comparadas com os valores de tensão permitidos para os materiais a utilizar, para verificar se a estrutura é suficientemente forte.

A análise de elementos finitos é uma forma de lidar com estruturas que são mais complexas do que as que podem ser tratadas analiticamente utilizando equações diferenciais parciais. A FEA lida melhor com limites complexos do que as equações de diferenças finitas e dá respostas a problemas estruturais do "mundo real". O seu âmbito foi substancialmente alargado durante os cerca de 40 anos da sua utilização.

5.2.1 Gama de aplicações do FEM

As aplicações do MEF podem ser divididas em três categorias, dependendo da natureza do problema a ser resolvido. Na primeira categoria, estão todos os problemas conhecidos como problemas de equilíbrio ou problemas independentes do tempo. Para a solução de problemas de equilíbrio na área da mecânica dos sólidos, precisamos de encontrar distribuições de pressão, velocidade, temperatura e, por vezes, de concentração em condições de estado estacionário. Na segunda categoria, encontram-se os chamados problemas de valores próprios da mecânica dos sólidos e dos fluidos. Trata-se de problemas de estado estacionário cuja solução requer frequentemente a determinação de frequências naturais e modos de vibração de sólidos e fluidos.

Exemplos de problemas de valores próprios que envolvem a mecânica dos sólidos e dos fluidos surgem na engenharia civil, quando se considera a interação de lagos e barragens, e na engenharia aeroespacial, quando se trata do escoamento de combustíveis líquidos nos tanques flexíveis. Outra classe de problemas de valores próprios inclui a estabilidade dos fluxos laminares.

Na terceira categoria, encontra-se a multiplicidade de problemas dependentes do tempo ou de propagação da mecânica do contínuo. Esta categoria é composta por problemas que resultam quando a dimensão temporal é adicionada aos problemas das duas primeiras categorias. No método dos deslocamentos finitos, as medidas de deslocamento em pontos discretos do corpo são tomadas como incógnitas e o campo de deslocamento é derivado em termos destas variáveis discretas. Uma vez conhecidos os deslocamentos discretos, as deformações são avaliadas a partir das relações de deformação-deslocamento e, finalmente, as tensões são determinadas a partir das relações tensão-deformação. No método dos deslocamentos finitos, a sobreposição da contribuição das matrizes de rigidez dos elementos em cada nó forma a matriz de rigidez da estrutura. O vetor de carga do sistema é gerado de forma semelhante, ou seja, através da sobreposição dos vectores de força dos elementos. As condições de fronteira de deslocamento são então forçadas. Estes passos resultam num conjunto de equações algébricas que relacionam as medidas de deslocamento.

Com o avanço da tecnologia informática e dos sistemas CAD, os problemas complexos podem ser modelados com relativa facilidade. Podem ser experimentadas várias configurações alternativas antes de se construir o primeiro protótipo. Assim, através deste método, é possível determinar um comportamento aproximado do contínuo, o que ajudaria muito a melhorar o projeto.

O MEF é amplamente utilizado em quase todos os domínios da ciência e da engenharia. É utilizado para analisar problemas estruturais, de transferência de calor, de escoamento de fluidos, de infiltração, de lubrificação, de campos eléctricos e magnéticos, de mecânica da fratura e em muitos outros domínios. Foram desenvolvidos numerosos pacotes de software baseados no MEF ou na FEA, tais como NASTRAN, SAP, ANSYS, STRUCL ANSYS suporta quase todos os tipos de elementos com muitas facilidades para todos os domínios da engenharia.

5.2.2 Etapas da análise de elementos finitos

A solução de um problema contínuo pelo método dos elementos finitos segue normalmente um processo ordenado passo a passo. Os passos seguintes mostram, em termos gerais, como funciona o método dos elementos finitos.

Discretização: Discretização de um dado contínuo. A essência do método dos elementos finitos consiste em dividir um contínuo, ou seja, o problema é conseguido através da substituição do contínuo por um conjunto de pontos-chave, designados por nós, que quando ligados corretamente produzem os elementos. A coleção de nós e elementos forma a malha de elementos finitos. Está disponível uma variedade de formas e tipos de elementos. O analista ou projetista pode misturar tipos de elementos para resolver um problema. Quanto maior for o número de elementos e nós, mais exacta é a solução de elementos finitos, mas mais cara é a solução, mais espaço de memória é necessário para armazenar o modelo de elementos finitos e cada vez mais tempo de computador é necessário para obter a solução.

Selecionar a aproximação da solução adequada: a variação da incógnita (chamada variável de campo) nos problemas é aproximada em cada elemento por um polinómio. A variável de campo pode ser um escalar (por exemplo, temperatura) ou um vetor (por exemplo, deslocamentos horizontais e verticais). Os polinómios são normalmente utilizados para integrar e diferenciar. O grau do polinómio depende do número de nós por elemento, do número de incógnitas (componentes da variável de campo) em cada nó e de certos requisitos de continuidade ao longo das fronteiras do elemento.

Desenvolvimento de matrizes e equações de elementos: a formulação de elementos finitos apresentada na secção de texto envolve a transposição das equações de equilíbrio determinantes do domínio contínuo para o elemento. Uma vez definidos os nós e as propriedades dos materiais de um dado elemento, podem ser derivadas as matrizes correspondentes (matriz de rigidez, matriz de massa, etc.) e as equações. Estão disponíveis quatro métodos para derivar as matrizes e equações dos elementos: o método direto, o método variacional, o método dos resíduos ponderados e o método da energia.

Montar a equação do elemento: as matrizes de cada elemento são adicionadas através da soma das equações de equilíbrio dos elementos para obter as matrizes globais e o sistema de equações algébricas. Se não forem dadas condições de fronteira, obtêm-se resultados errados ou pode resultar um sistema de equações singular.

Resolução das incógnitas: resolver as incógnitas nos nós. O sistema global de equações algébricas é resolvido através de métodos de eliminação de Gauss para fornecer os valores das variáveis de campo nos nós da malha de elementos finitos. Os valores das variáveis de campo e as suas derivadas nos nós da solução completa de elementos finitos do problema original do continuum são antes da discretização. É possível obter valores noutros pontos do contínuo que não os nós, embora não seja habitual fazê-lo.

Interpretar os resultados: A etapa final consiste em analisar a solução e os resultados obtidos na etapa anterior para tomar decisões de projeto. A interpretação correta destes resultados requer uma sólida formação em engenharia e FEA.

A premissa básica do MEF é que uma região de solução pode ser modelada analiticamente ou aproximada através da substituição por um conjunto de elementos discretos. Uma vez que estes elementos podem ser agrupados de várias formas, podem ser utilizados para representar formas extremamente complexas. A caraterística importante do MEF, que o distingue dos outros métodos numéricos aproximados, é a capacidade de formatar soluções para cada elemento individual antes de os juntar para representar o problema completo. Outra vantagem do MEF é a variedade de formas em que se podem formular as propriedades dos elementos individuais.

O MEF pode ser classificado, em termos gerais, em

- Pré-processamento.
- Processamento (solução)

- Pós-processamento

Pré-processamento

Consiste na criação de um modelo sólido e na sua discretização em elementos finitos. Definição das propriedades do modelo, como o tipo de elemento, as propriedades do material, várias constantes como o módulo de Young, o coeficiente de Poisson, etc., a dimensão de cada elemento, ou seja, a espessura, o momento de inércia, a área, etc.

Geração de elementos: São utilizados dois métodos diferentes para gerar os elementos.

- Produção direta.
- A partir de um modelo sólido.

No método de geração direta, os nós são definidos primeiro e os elementos são ligados para obter o modelo final.

No método de geração de sólidos, é gerado um modelo sólido e, em seguida, o modelo é dividido em elementos finitos. Esta conversão do modelo sólido em elementos finitos é efectuada através da geração de malhas. Este método é mais útil para modelos complexos.

No presente trabalho, o método de geração de sólidos é utilizado para criar modelos FEM. Os elementos do método do modelo sólido podem ser subdivididos em duas categorias.

- Malha livre.
- Malha mapeada

Processamento (solução)

Depois de o modelo ser construído na fase de pré-processamento, a solução da análise é obtida na fase de processamento. O tipo de análise indica ao processador as equações determinantes a utilizar para resolver os problemas. As categorias gerais disponíveis incluem a análise estrutural, térmica, do campo eletromagnético, da dinâmica dos fluidos computacional, etc.; cada categoria pode incluir vários tipos de análise específicos, como a análise estática ou dinâmica.

O processamento não requer qualquer interação com o utilizador. Todos os tipos de análise são baseados em conceitos clássicos de engenharia. Estes conceitos podem ser formulados em equações matriciais que são adequadas para análise utilizando o MEF. Calcula as matrizes de trans formação. Mapeia as equações dos elementos no sistema global e, por conseguinte, a montagem dos elementos tem lugar. As condições de fronteira são introduzidas e os procedimentos de solução são definidos.

A maioria dos engenheiros mecânicos e de estruturas está familiarizada com a análise estática estrutural. É utilizada para determinar o deslocamento, a tensão, as deformações e as forças que ocorrem numa estrutura ou componente em resultado de cargas aplicadas.

A equação governante é: [K]{q} = [F]

Onde [K] = rigidez estrutural,

{q} = deslocamento nodal, [F]= matriz de carga.

Na fase de solução, acabamos por obter equações de controlo para cada elemento. Ao resolver estas equações em cada nó, obtemos os graus de liberdade, que dão o comportamento aproximado do modelo completo.

Pós-processamento

O pós-processamento de dados inclui a apresentação de resultados como a configuração deformada, as formas, as deformações e a distribuição de tensões. Após o pós-processamento, os resultados são apresentados graficamente nos seguintes modos Formas de deslocamento: é apresentada a malha deformada e não deformada.

Contornos: uma visualização de escalares.

Animação: as formas de modo, os resultados dependentes do tempo ou harmónicos podem ser representados de forma vívida. Geração automática: os resultados são apresentados sob a forma de tabelas, gráficos, etc.

A principal função do pós-processador é apresentar os resultados de uma forma fácil de compreender, sendo a representação gráfica interactiva a melhor opção. Este ajuda a determinar as tendências básicas e concentra-se depois nas áreas críticas. O utilizador pode também controlar a direção de visualização, a ampliação, os parâmetros apresentados, os mapas de cores, etc. A formação adicional pode ser a otimização da conceção, como a redução do peso, a configuração óptima, etc.[22]

5.2.3 Análise estática

A análise estática resulta de deslocamentos estruturais, tensões e deformações e forças em estruturas para componentes causados por cargas. A análise estática lida com as condições de equilíbrio dos corpos que sofrem a ação de forças. Uma análise estática pode ser linear ou não linear. Todos os tipos de não-linearidades são permitidos, tais como grandes deformações, plasticidade, fluência, reforço de tensões, elementos de contacto, etc. Este capítulo centra-se na análise estática. Uma análise estática calcula os efeitos de condições de carga constantes numa estrutura, ignorando os efeitos de inércia e de amortecimento, tais como os provocados por cargas variáveis no tempo. Uma análise estática é utilizada para determinar os deslocamentos, tensões, deformações e forças em estruturas ou componentes causados por cargas que não induzem efeitos significativos de inércia e amortecimento. Uma análise estática pode, no entanto, incluir cargas de inércia constantes, tais como a gravidade, a rotação e cargas variáveis no tempo, que dão uma ideia clara sobre se a estrutura ou os componentes resistirão às forças máximas aplicadas. Se os valores de tensão obtidos nesta análise ultrapassarem os valores permitidos, isso resultará na falha da estrutura na própria condição estática. Para evitar tal falha, esta análise é necessária.

5.3 Análise da mola de lâmina de aço

O objetivo desta análise é estudar a mola de lâmina de aço monofolha e a mola de lâmina composta e verificar os resultados dentro dos limites desejáveis. O software ANSYS é utilizado para analisar as tensões através de uma análise estática para a especificação da mola de lâmina e a análise modal é efectuada para determinar as frequências naturais e as formas próprias para avaliar o comportamento da mola de lâmina com várias combinações paramétricas.

Após a modelação geométrica da mola de lâmina com determinadas especificações, esta tem de ser submetida a análise. A análise envolve a discretização chamada malha, condições de fronteira e carregamento. No entanto, a análise modal não necessita de carga.

5.3.1 Propriedades dos materiais

As propriedades típicas dos materiais incluem o módulo de elasticidade, a densidade, o coeficiente de expansão térmica, a condutividade térmica, etc. Cada propriedade é referenciada por um rótulo ANSYS - EX, EY, e EZ para os componentes direcionais do módulo de elasticidade, DENS para a densidade, e assim por diante.

5.3.2 Malha

A criação de malhas envolve a divisão de todo o modelo em pequenas partes denominadas elementos. Isto é feito através da criação de malhas. É conveniente selecionar a malha livre porque a mola de lâmina tem curvas acentuadas, pelo que a forma do objeto não se altera. Para criar a malha da mola de lâmina, é necessário decidir primeiro o tipo de elemento. Neste caso, o tipo de elemento é Hex Dominante. O comprimento da aresta do elemento é 3. A Fig. 5.3 e a Fig. 5.5 mostram o modelo de malha da mola de lâmina.

5.3.3 Condições de fronteira

A mola de lâmina está montada no eixo do automóvel; a estrutura do veículo está ligada às extremidades da mola de lâmina. As extremidades da mola de lâmina têm a forma de um olho. O olhal frontal da mola de lâmina está acoplado diretamente à estrutura através de uma cavilha, de modo a que o olhal possa rodar livremente em torno da cavilha, sem que ocorra qualquer translação. O olhal traseiro da mola está ligado à manilha, que é um elo flexível; a outra extremidade da manilha está ligada à estrutura do veículo. Os olhais traseiros da mola de lâmina têm a flexibilidade de deslizar ao longo da direção Y quando a carga é aplicada à mola e também podem rodar em torno da cavilha. A ligação oscila quando a carga é aplicada e retirada.

Assim, o deslocamento no olhal traseiro é restringido ao longo das direcções X e Z. As Fig. 5.4 e Fig. 5.6 mostram as condições de fronteira da mola de lâmina.

5.3.4 Análise estática

É efectuada uma análise de EF para a tensão e a deformação. Para isso, é aplicada uma carga de 3400 N. No meio, a força é aplicada. O deslocamento é limitado ao longo das direcções X e Z nas extremidades dos olhos da mola de lâmina. Podemos obter as tensões e o deslocamento efectuando esta análise. A partir dos resultados, verifica-se que a tensão máxima é de 632,32 MPa e o deslocamento é de 25,34 mm, que estão abaixo dos limites permitidos.

As figuras 5.3 a 5.14 representam os resultados da FEA da mola de lâmina de aço.

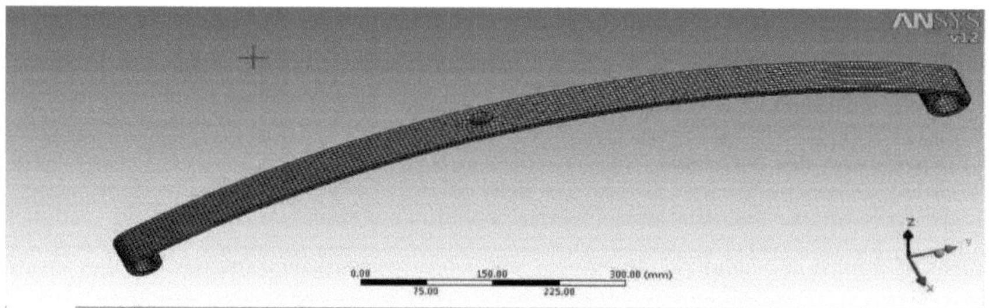

Fig. 5.3 Modelo em malha da mola de lâmina de aço

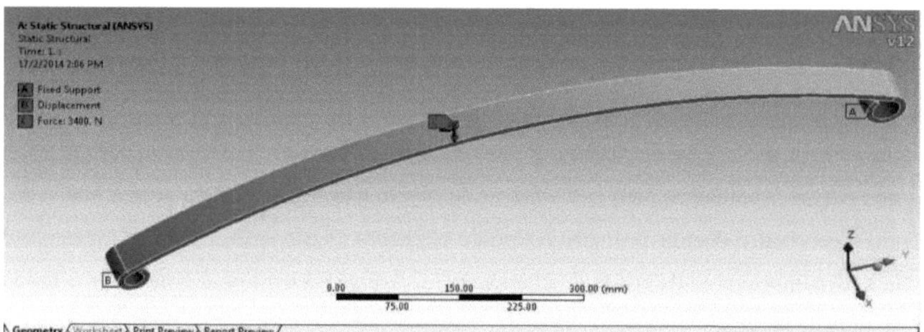

Fig. 5.4 Modelo de malha da mola de lâmina de aço com condições de fronteira

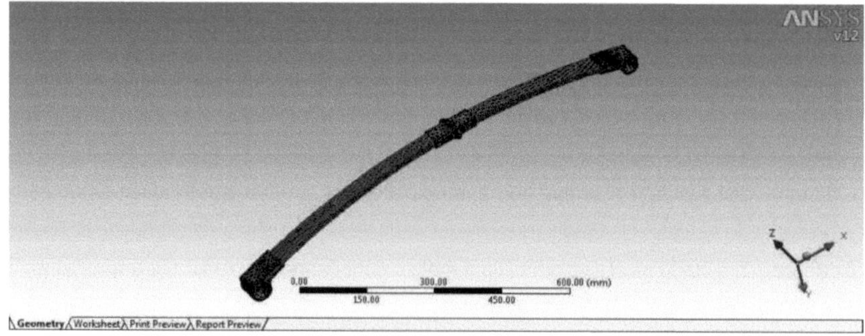

Fig. 5.5 Modelo em malha da mola de lâmina de carbono/epóxi

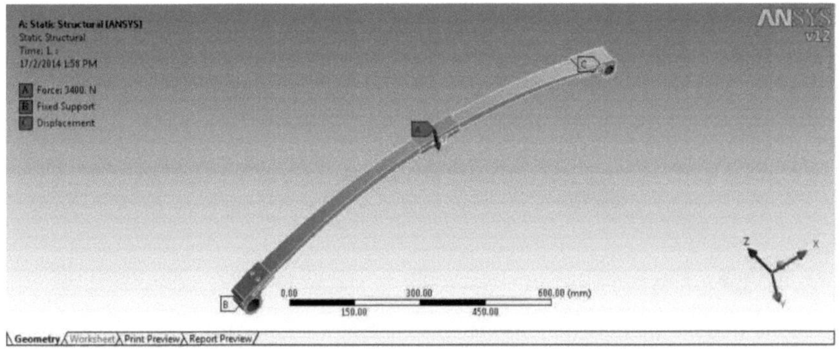

Fig. 5.6 Modelo de malha da mola de lâmina de carbono/epóxi com condições de fronteira

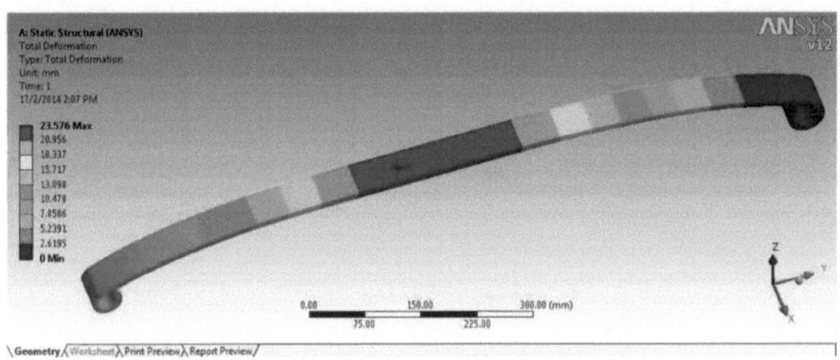

Fig.5.7. Deslocamento da mola de lâmina de aço

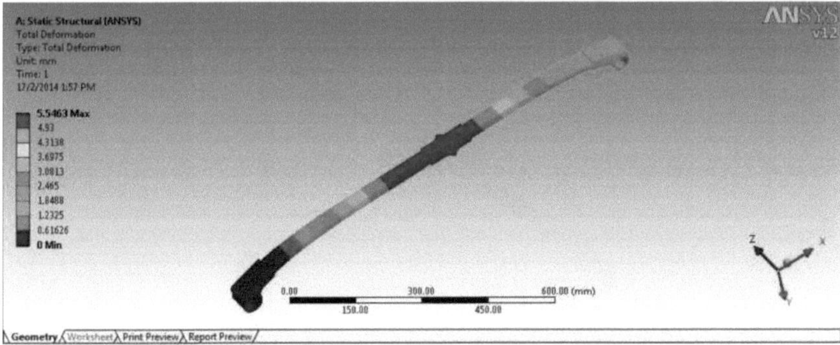

Fig.5.8 Deslocamento da mola de lâmina de carbono/epóxi

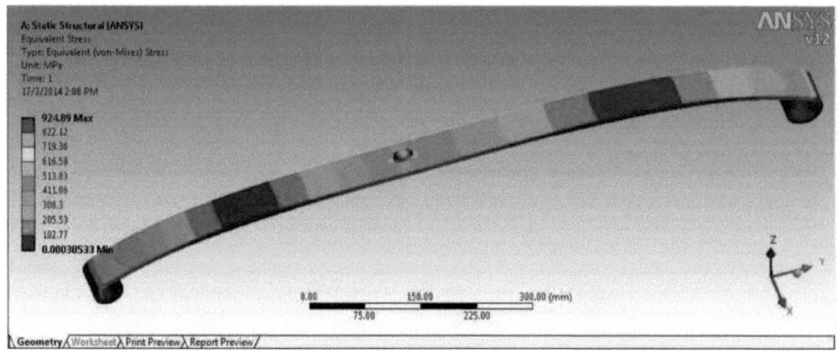

Fig.5.9. Gráfico da tensão de Vonmises da mola de lâmina de aço

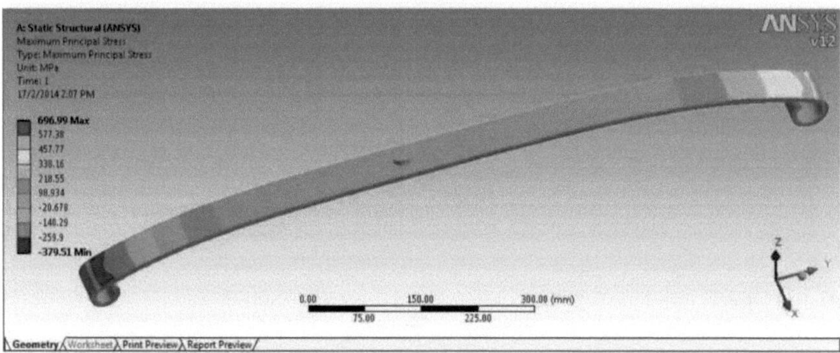

Fig.5.10. Gráfico da tensão principal máxima da mola de lâmina de aço

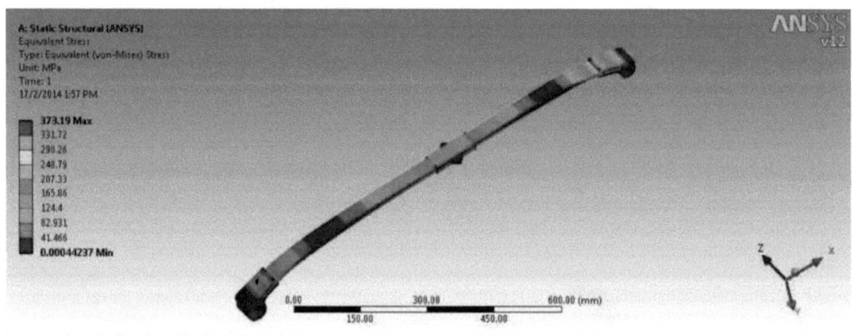

Fig.5.11. Gráfico da tensão de Vonmises da mola de lâmina de carbono/epóxi

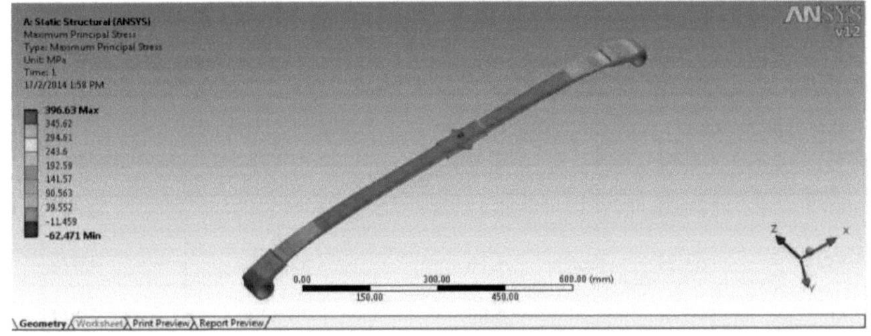

Fig.5.12. Gráfico da tensão principal máxima da mola de lâmina de carbono/epóxi

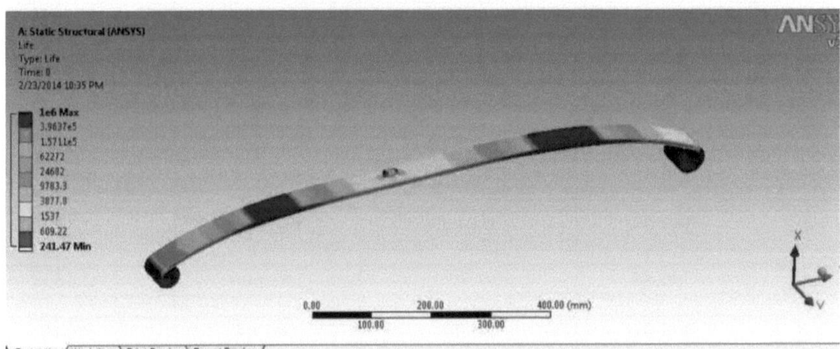

Fig.5.13. Vida à fadiga da mola de lâmina EN47

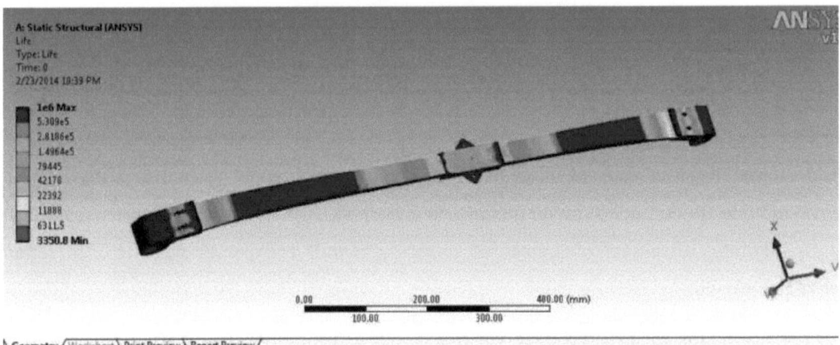

Fig.5.14. Vida à fadiga da mola de lâmina de carbono/epóxi

Tabela 5.1: Tensão e deflexão da mola de lâmina para várias cargas por FEA

Carga	Mola de lâmina (EN47)		Mola de lâmina (carbono/epóxi)	
	Stress	Deflexão	Stress	Deflexão
400	108.81	2.77	43.904	0.652
500	136.01	3.47	54.88	0.815
600	163.21	4.16	65.856	0.978
700	190.41	4.85	76.832	1.141
800	217.62	5.55	87.808	1.304
900	244.82	6.24	98.784	1.468
1000	272.02	6.94	109.76	1.631
1100	299.22	7.63	120.736	1.794
1200	326.43	8.33	131.712	1.957
1300	353.63	9.014	142.688	2.120
1400	380.84	9.70	153.664	2.283
1500	408.04	10.40	164.64	2.446
3400	924.89	23.58	373.184	5.546

5.3.5 Análise modal

A análise modal é efectuada para determinar as frequências naturais e as formas próprias da mola de lâmina.

Depois de o modelo ser criado, selecione a análise como análise modal. A análise pode ser efectuada através do método Block Lancos ou do método do subespaço. O método do subespaço é selecionado. No passo seguinte, selecionar o número de modos a extrair e expandir como 6. Em seguida, o problema é resolvido.

A partir dos resultados da análise modal, verifica-se que as primeiras cinco frequências naturais para a mola de lâmina composta de carbono/epóxi são 145,78Hz, 344,95Hz, 533,09Hz, 1008,3Hz, 1091,9Hz, 1731,3Hz,

A fig.5.15 mostra a forma modal a uma frequência natural de 145,78Hz e o deslocamento é de 36,21mm

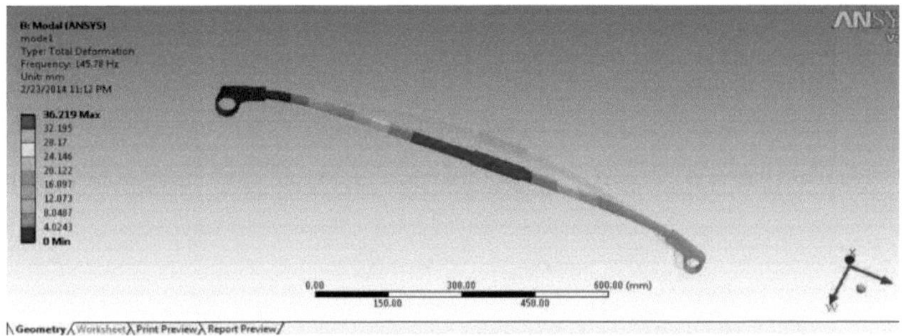

Fig.5.15. Gráfico de deformação total para 1st Frequência natural

A fig.5.16 mostra a forma modal a uma frequência natural de 344,95Hz e o deslocamento é de 41,36mm

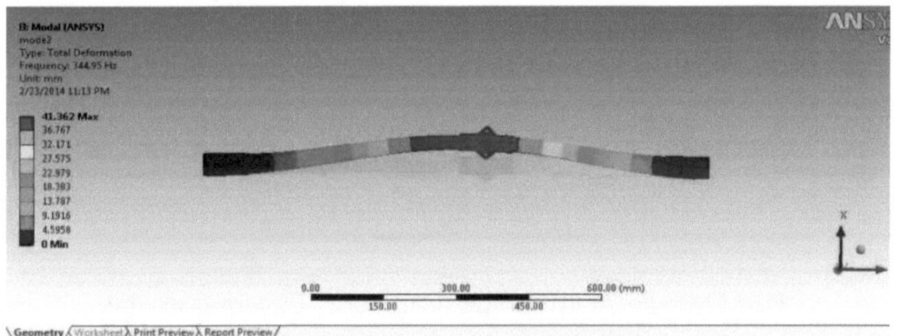

Fig.5.16 Gráfico de deformação total para 2nd frequência natural

A fig.5.17 mostra a forma modal a uma frequência natural de 533,09Hz e o deslocamento é de 49,08mm

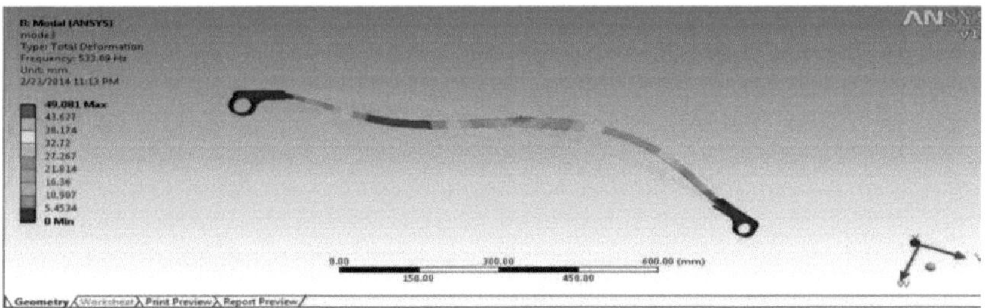

Fig.5.17 Gráfico de deformação total para 3rd Frequência natural

A fig.5.18 mostra a forma modal a uma frequência natural de 1008,3Hz e o deslocamento é de 51,09mm

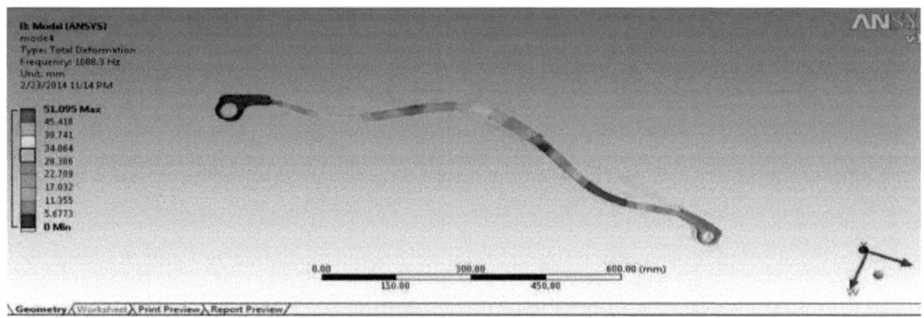

Fig.5.18 Gráfico de deformação total para 4th Frequência natural

A fig.5.19 mostra a forma modal a uma frequência natural de 1091,9Hz e o deslocamento é de 52,06mm

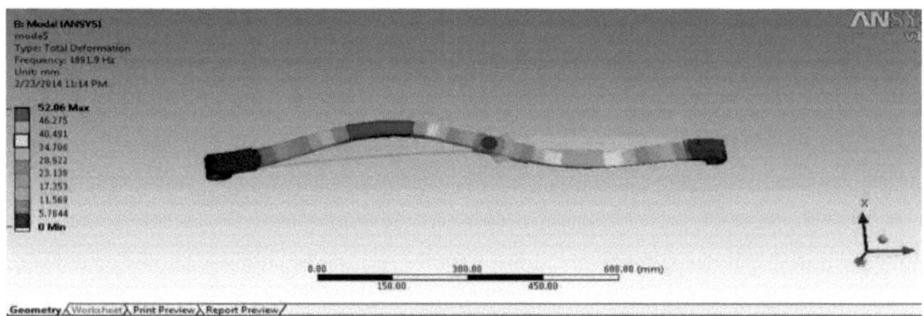

Fig.5.19 Gráfico de deformação total para 5th Frequência natural

A fig.5.20 mostra a forma modal a uma frequência natural de 1731,3Hz e o deslocamento é de 52,30mm

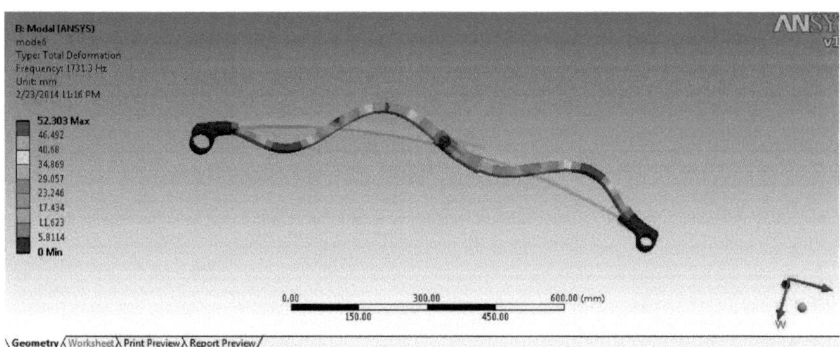

Fig.5.20 Gráfico de deformação total para 6th Frequência natural

A partir dos resultados da análise modal, verifica-se que as primeiras cinco frequências naturais para a mola de lâmina de aço EN47 são 145,78Hz, 344,95Hz, 533,09Hz, 1008,3Hz, 1091,9Hz, 1731,3Hz,

A fig.5.21 mostra a forma modal a uma frequência natural de 42,59Hz e o deslocamento é de 23,05mm

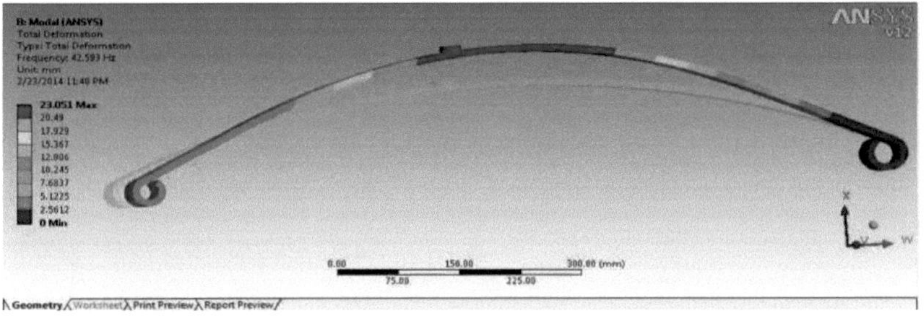

Fig.5.21. Gráfico de deformação total para 1st Frequência natural

A fig.5.22 mostra a forma modal a uma frequência natural de 124,83Hz e o deslocamento é de 25,159mm

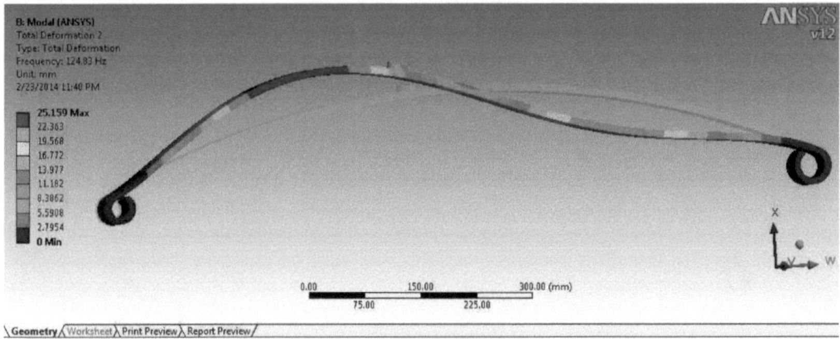

Fig.5.22 Gráfico de deformação total para 2nd frequência natural

A fig.5.23 mostra a forma modal a uma frequência natural de 178,53Hz e o deslocamento é de 26,60mm

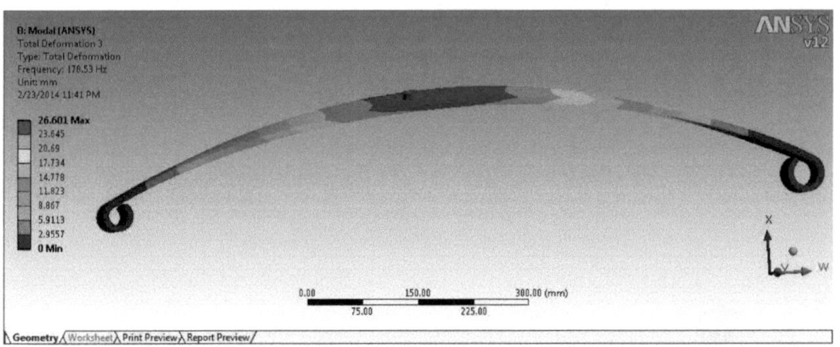

Fig.5.23 Gráfico de deformação total para 3rd Frequência natural

A fig.5.24 mostra a forma modal a uma frequência natural de 253,85Hz e o deslocamento é de 24,05mm

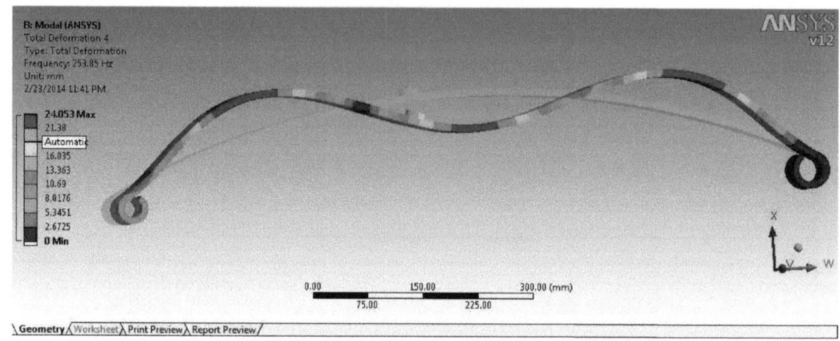

Fig.5.24 Gráfico de deformação total para 4th Frequência natural

A fig.5.25 mostra a forma modal a uma frequência natural de 419,75Hz e o deslocamento é de 25,65mm

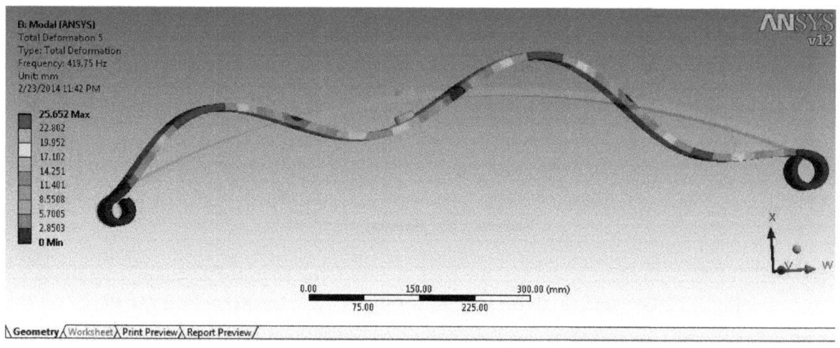

Fig.5.25 Gráfico de deformação total para 5th Frequência natural

A fig.5.26 mostra a forma modal a uma frequência natural de 528,74Hz e o deslocamento é de 26,53 mm

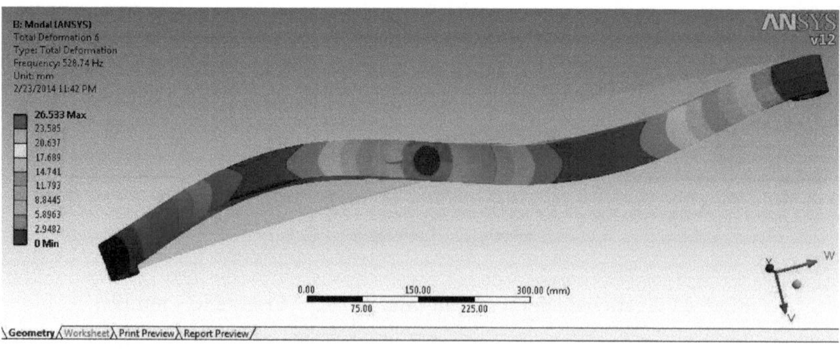

Fig.5.26 Gráfico de deformação total para 6th Frequência natural

Capítulo 6

TRABALHO EXPERIMENTAL

6.1 Instalação experimental

O principal problema enfrentado na utilização de uma máquina normal de ensaio de materiais para ensaiar uma mola de lâmina é o deslocamento. Estas máquinas são concebidas para um deslocamento da ordem dos microns. No entanto, o dispositivo de ensaio da mola de lâmina deve permitir deslocamentos da ordem dos milímetros.

Os requisitos da máquina de ensaio são resumidos da seguinte forma

i. A máquina deve ter um comprimento de curso suficiente para acomodar uma vasta gama de deflexões.

ii. A máquina deve ser capaz de suportar cargas pesadas da ordem de algumas toneladas.

iii. A máquina deve estar equipada com um dispositivo de fixação adequado, que simulará a montagem efectiva da mola de lâmina no automóvel.

iv. A fixação deve facilitar a montagem de diferentes tipos de molas de lâmina com poucas modificações.

v. De acordo com os requisitos acima referidos, foi utilizada uma máquina de ensaio universal adequada para o ensaio de molas de lâmina do nosso departamento de engenharia civil.

6.2 Componentes da instalação

6.2.1 Base da estrutura

A estrutura é feita de canais M.S.C. de 150x70x1250 mm. A mola de ensaio é suportada ou segura pela estrutura em condições simuladas de veículo.

6.2.2 Medidor de tensão

A deformação é a quantidade de deformação de um corpo devido a uma força aplicada. Mais especificamente, a deformação (ε) é definida como a variação fraccionada do comprimento, como se mostra na figura seguinte.

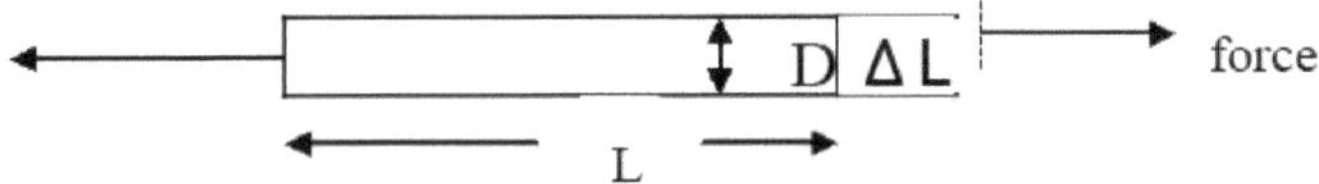

A deformação pode ser +ve (tração) ou -ve (compressão). Embora sem dimensão, a deformação é por vezes expressa em unidades como in ou mm/mm. Na prática, a magnitude da deformação medida é muito pequena. Por isso, a deformação é frequentemente expressa em micro-deformações, que são ε x 10+6. Quando uma barra é esticada com uma força uniaxial, como mostra a figura acima, um fenómeno conhecido como tensão de Poisson faz com que o perímetro da barra D se contraia na direção transversal ou perpendicular. A magnitude desta contração transversal é uma propriedade do material indicada pelo seu coeficiente de Poisson. O coeficiente de Poisson de um material é definido como o coeficiente -ve da deformação na direção transversal (perpendicular à força) em relação à deformação na direção axial (paralela à força). Por exemplo, o coeficiente de Poisson para o aço varia entre 0,25 e 0,3. Os extensómetros estão disponíveis comercialmente com valores de resistência nominal de 30 a 3000 Ω, sendo 120, 350 e 1000 Ω os valores mais comuns. É muito importante que o extensómetro seja corretamente montado na amostra de ensaio, de modo a que a deformação seja transferida com precisão da amostra de ensaio, através do adesivo e do suporte do extensómetro, para a própria folha. Um parâmetro fundamental do extensómetro é a sua sensibilidade à deformação, expressa quantitativamente como o fator de calibragem (GF). O fator de calibração é definido como a relação entre a variação fraccionada da resistência eléctrica e a variação fraccionada do comprimento (deformação).

$$\text{Fator de calibre} = [\Delta R/R] / [\Delta L/L] = [\Delta R/R] / \varepsilon$$

O fator de calibre dos extensómetros metálicos é normalmente de cerca de 2. Um fator de calibração elevado é desejável porque indica uma grande alteração na resistência para uma determinada força e é mais fácil de medir.

6.2.3 Medição do extensómetro

O objetivo das medições era determinar os níveis reais de tensão da mola em diferentes condições. Cada série continha uma quantidade diferente de valores de pico. Na prática, as medições de deformação raramente envolvem quantidades superiores a alguns milésimos de deformação (ε x103). Assim, a medição da deformação requer uma medição exacta de alterações muito pequenas na resistência, por exemplo, suponhamos que um provete de ensaio sofre uma deformação substancial de 500qs.

Um extensómetro com um fator de calibração (GF = 2) apresentará uma alteração na resistência eléctrica de apenas 2 (500 x 10-6) = 0,1%. Para um extensómetro de 120 Ω, isto representa uma alteração de apenas 0,12 Ω

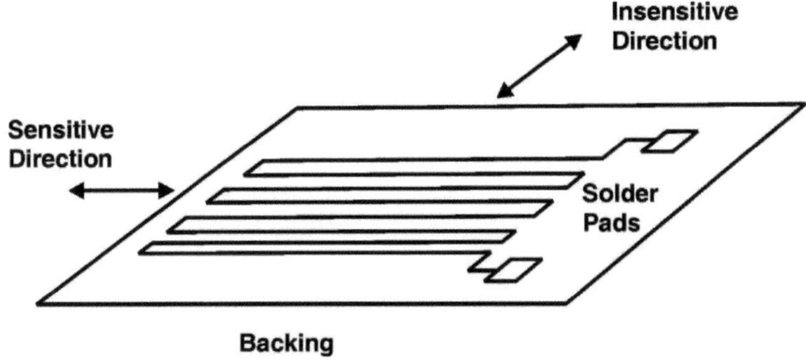

Fig. 6.1 Medidor de tensão metálico ligado

Para medir estas pequenas alterações na resistência e compensar a temperatura, os extensómetros de sensibilidade são quase sempre utilizados numa configuração em ponte com uma fonte de excitação de tensão ou corrente. A ponte de Wheatstone geral, mostrada abaixo, consiste em quatro braços resistivos com uma tensão de excitação Vex, que é aplicada através da ponte.

A tensão o/p da ponte será igual a

Vo = Vex/4 x (fator de calibre) x ($\Delta L/L$) (1)

Em que V0 = Tensão de saída da ponte

Vex = Tensão de entrada da ponte

$\Delta L/L = \varepsilon$ = Deformação

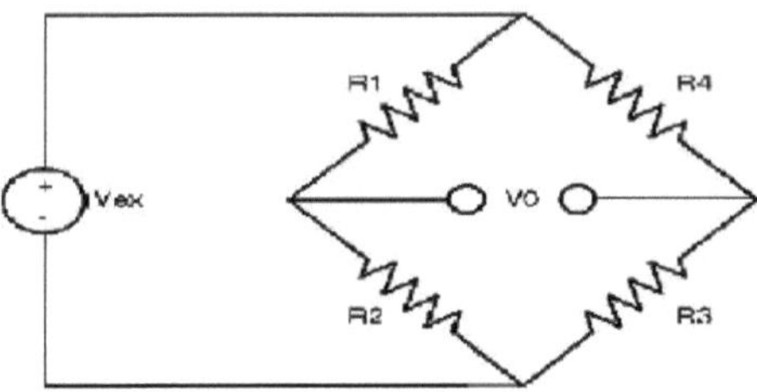

Fig. 6.2 Extensómetro no circuito da ponte de wheatstone

6.3 Localização dos extensómetros para molas de lâminas de aço e compósitas

I Neste projeto, os testes e a análise são efectuados para molas de lâmina de aço do material EN47 em condições de endurecimento e temperamento e, em seguida, para molas de lâmina compósitas forçadas com fibra de vidro feitas de fibras de carbono com resina epóxi.

Tabela 6.1: Localização dos extensómetros para molas de lâmina de aço e compósitas

Localização do primeiro extensómetro	L1	100 mm
Localização do segundo extensómetro	L2	230 mm
Localização do terceiro extensómetro (A partir do centro da mola de lâmina)	L3	380 mm

Fig. 6.3 Mola de lâmina de aço com extensómetros nas posições L1, L2 e L3

Fig. 6.4 Mola de lâmina composta com extensómetros nas posições L1, L2 e L3

6.5 Procedimento experimental

A mola a ser testada é examinada para detetar quaisquer defeitos, como fissuras, anomalias na superfície, etc. São registados os detalhes dimensionais e materiais da mola de lâmina. Em primeiro lugar, a mola de lâmina de aço é montada no dispositivo de montagem da mola de lâmina da máquina de ensaio. Limpa-se o pó, a ferrugem e a gordura.

O extensómetro é fixado à superfície preparada utilizando um adesivo. Os extensómetros são colocados nas folhas superior e inferior da mola, na direção das fibras, no caso de molas de lâmina de aço e, no caso de molas de lâmina compostas, são fixados na superfície superior e inferior da mola. A mola é carregada de zero até à deflexão máxima prescrita e de volta a zero. A força é medida perto da localização do grampo central. As leituras do ensaio são registadas em três locais onde os extensómetros são fixados em condições experimentais reais.

Após a conclusão do ensaio da mola de lâmina de aço, a mola de lâmina composta é montada no dispositivo de fixação e o mesmo procedimento é repetido. As leituras em três localizações L1, L2 e L3 são resumidas para a mola de lâmina de aço e para a mola de lâmina composta, como se mostra nas tabelas 9.6 e 9.8.

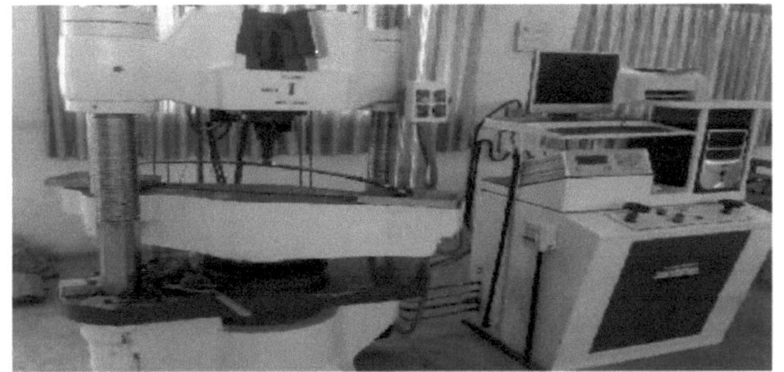

Fig. 6.5 Ensaio da mola de lâmina

6.6 Observações e parâmetros medidos

6.6.1 Circuito de strain gauge

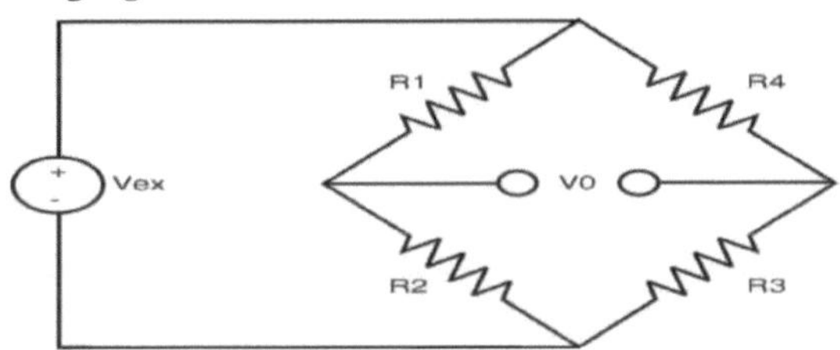

Fig. 6.6 Circuito em ponte de Wheatstone

O extensómetro está ligado a um circuito de ponte de Wheatstone e forma o lado R4 da ponte. Qualquer alteração na resistência do extensómetro devido à aplicação de carga desequilibrará a ponte e produzirá uma tensão de saída não nula.

Aqui R1 = R2 = R3 = 350 Ω e R4 = Rg = Resistência do extensómetro = 350 Ω

6.7 Observações sobre a mola de lâmina de aço en47

Tabela 6.2: Leitura do extensómetro

N.º Sr.	Carga N	Deflexão mm	Leitura de tensão em		
			L1	L2	L3
01	100	2.68	83	95	70
02	200	5.34	168	190	150
03	300	8	246	286	228
04	400	10.66	324	382	307
05	500	13.32	401	477	387

06	600	15.98	480	574	465
07	700	18.64	558	669	544
08	800	21.3	637	765	623
09	900	23.96	716	861	702
10	1000	26.62	795	957	781
11	1100	29.28	874	1052	861
12	1200	31.94	952	1149	939
13	1300	34.6	1031	1245	1019
14	1400	37.26	1110	1340	1098
15	1500	39.92	1188	1437	1177
16	3400	90.46	2683	3258	2679

6.7.1 Exemplo de cálculo da tensão de flexão

ε = 1437 ------------- **Valor experimental**

Agora, usando a lei de Hooke

Tensão / Deformação = Módulo de Young

Tensão =1437x 0,207 = 297,459 N/mm^2

Tensão de flexão = 297,459 N/mm^2 ------------- **Valor experimental**

Tabela 6.3: Valor da tensão de flexão para a mola de lâmina EN47

N.º Sr.	Carga N	Deflexão mm	Tensão de flexão (N/mm2)		
			L1	L2	L3
01	100	2.68	17.18	19.67	14.49
02	200	5.34	34.78	39.33	31.05
03	300	8	50.92	59.20	47.20
04	400	10.66	67.07	79.07	63.55
05	500	13.32	83.01	98.74	80.11
06	600	15.98	99.36	118.82	96.26
07	700	18.64	115.51	138.48	112.61
08	800	21.3	131.86	158.36	128.96

09	900	23.96	148.21	178.23	145.31
10	1000	26.62	164.57	198.10	161.67
11	1100	29.28	180.92	217.76	178.23
12	1200	31.94	197.06	237.84	194.37
13	1300	34.6	213.42	257.72	210.93
14	1400	37.26	229.77	277.38	227.29
15	1500	39.92	245.92	297.46	243.64
16	3400	90.46	555.44	674.31	554.45

6.7.1 Exemplo de cálculo da energia de deformação

Agora, usando a equação da energia de deformação

$$U = (\zeta^2 / 2\rho E)$$

$$= (1/(2*7.8*0.207)* \zeta^2 = (1/(2*7.8*0.207)* 17.18^2$$

$$U = 0.09 \text{ J/Kg}$$

Tabela 6.4: Valor da tensão de flexão para a mola de lâmina EN47

N.º Sr.	Carga N	Tensão de flexão (N/mm2)			Energia de deformação J/Kg		
		L1	L2	L3	L1	L2	L3
01	100	17.18	19.67	14.49	0.09	0.12	0.07
02	200	34.78	39.33	31.05	0.37	0.48	0.30
03	300	50.92	59.20	47.20	0.80	1.09	0.69
04	400	67.07	79.07	63.55	1.39	1.94	1.25
05	500	83.01	98.74	80.11	2.13	3.02	1.99
06	600	99.36	118.82	96.26	3.06	4.37	2.87
07	700	115.51	138.48	112.61	4.13	5.94	3.93
08	800	131.86	158.36	128.96	5.38	7.77	5.15
09	900	148.21	178.23	145.31	6.80	9.84	6.54
10	1000	164.57	198.10	161.67	8.39	12.15	8.09

11	1100	180.92	217.76	178.23	10.14	14.68	9.84
12	1200	197.06	237.84	194.37	12.03	17.52	11.70
13	1300	213.42	257.72	210.93	14.11	20.57	13.78
14	1400	229.77	277.38	227.29	16.35	23.83	16.00
15	1500	245.92	297.46	243.64	18.73	27.40	18.38
16	3400	555.44	674.31	554.45	95.54	140.81	95.20

6.8 Observações para a mola de lâmina de carbono/epóxi

Tabela 6.5: Leitura do extensómetro

N.º Sr.	Carga N	Deflexão mm	Leitura de tensão em		
			L1	L2	L3
01	100	0.68	87	81	41
02	200	1.49	173	163	81
03	300	2.187	259	245	121
04	400	2.931	345	327	161
05	500	3.675	431	409	201
06	600	4.419	517	491	241
07	700	5.163	603	573	281
08	800	5.907	689	655	321
09	900	6.651	775	737	361
10	1000	7.395	861	819	401
11	1100	8.139	947	901	441
12	1200	8.883	1033	983	481
13	1300	9.627	1119	1065	521
14	1400	10.371	1205	1147	561
15	1500	11.115	1291	1229	601
16	3400	25.23903	2925	2787	1361

6.8.1 Exemplo de cálculo da tensão de flexão

ε = 1291 **--------------- Valor experimental**

Agora, usando a lei de Hooke

Tensão/Deformação_= Módulo de Young

Tensão de flexão = 1291*0,177= 172,99 N/m^2 **---------------- Valor experimental**

Tabela 6.6 Valor da tensão de flexão para a mola de lâmina composta

N.º Sr.	**Carga N**	**Deflexão mm**	**Tensão de flexão (N/mm2)**		
			L1	**L2**	**L3**
01	100	0.68	11.658	10.854	5.494
02	200	1.49	23.182	21.842	10.854
03	300	2.187	34.706	32.83	16.214
04	400	2.931	46.23	43.818	21.574
05	500	3.675	57.754	54.806	26.934
06	600	4.419	69.278	65.794	32.294
07	700	5.163	80.802	76.782	37.654
08	800	5.907	92.326	87.77	43.014
09	900	6.651	103.85	98.758	48.374
10	1000	7.395	115.374	109.746	53.734
11	1100	8.139	126.898	120.734	59.094
12	1200	8.883	138.422	131.722	64.454
13	1300	9.627	149.946	142.71	69.814
14	1400	10.371	161.47	153.698	75.174
15	1500	11.115	172.994	164.686	80.534
16	3400	25.23903	391.95	373.46	182.37

6.8.2 Exemplo de cálculo da energia de deformação

Agora, utilizando a equação da energia de deformação

$$U = (\zeta^2 / 2\rho E)$$

$$= (1/(2*7.8*0.207))*\zeta^2$$

$$= (1/(2*1.4*0.123))*11.658^2$$

$$= 0.39 \text{ J/Kg}$$

Tabela 6.7: Valor da tensão de flexão para a mola de lâmina EN47

N.º Sr.	Carga N	Tensão de flexão (N/mm2)			Energia de deformação J/Kg		
		L1	L2	L3	L1	L2	L3
01	100	11.658	10.854	5.494	0.39	0.34	0.09
02	200	23.182	21.842	10.854	1.56	1.39	0.34
03	300	34.706	32.83	16.214	3.50	3.13	0.76
04	400	46.23	43.818	21.574	6.21	5.57	1.35
05	500	57.754	54.806	26.934	9.69	8.72	2.11
06	600	69.278	65.794	32.294	13.94	12.57	3.03
07	700	80.802	76.782	37.654	18.96	17.12	4.12
08	800	92.326	87.77	43.014	24.75	22.37	5.37
09	900	103.85	98.758	48.374	31.31	28.32	6.79
10	1000	115.374	109.746	53.734	38.65	34.97	8.38
11	1100	126.898	120.734	59.094	46.76	42.32	10.14
12	1200	138.422	131.722	64.454	55.63	50.38	12.06
13	1300	149.946	142.71	69.814	65.28	59.14	14.15
14	1400	161.47	153.698	75.174	75.70	68.59	16.41
15	1500	172.994	164.686	80.534	86.90	78.75	18.83
16	3400	391.95	373.46	182.37	446.07	404.97	96.57

Desta forma, a leitura é efectuada com a ajuda da tensão no medidor de tensão e a tensão é calculada com a ajuda da leitura da tensão. Isto também mostra que as tensões induzidas na mola de lâmina de aço EN47 são maiores em comparação com a mola de lâmina de carbono/epóxi, ou seja, a mola de lâmina de aço EN47 tem 674,31 Mpa e a mola de lâmina de carbono/epóxi tem 373,46 Mpa, respetivamente.

Capítulo 7

RESULTADOS E DEBATES

A mola de lâmina de aço foi modelada pelo CATIA e analisada com o ANSYS 12. Para além disso, foi modelada uma mola de lâmina monocomposta com a mesma rigidez que a mola de lâmina de aço para a mesma capacidade de carga e condições de fronteira. Foi aplicada uma carga de 3400 N em ambos os casos. As restrições são as seguintes: o olhal frontal é restringido como UY, UZ. O material compósito escolhido foi o carbono/epóxi. As análises estáticas foram efectuadas utilizando ANSYS 12.

7.1 Comparação dos resultados para a mola de lâmina de aço En47

As tensões são predominantemente tensões de flexão. As superfícies superior e inferior da lâmina estão na tensão máxima e na compressão máxima, respetivamente. Na prática, a falha da mola de lâmina ocorre devido à fadiga. Esta falha começa normalmente no lado da tensão das folhas da mola, uma vez que a resistência à tração do material é inferior à sua resistência à compressão. Por isso, tem sido dada atenção à previsão das tensões na superfície superior das placas, em particular para a folha principal.

Os valores de deformação são convertidos em tensão para efeitos de avaliação da resistência estática da mola de lâmina. As variações da tensão de flexão de tração com a carga nas localizações L1 e L3.

Quadro 7.1 Comparação dos resultados para a mola de lâmina de aço

Parâmetro	Valor analítico	Valor FEA	Expt. Valor
Carga (N)		3400	
Deflexão (mm)	94.02	-	90.46
Tensão de flexão em (N/mm2)	965.14	924.89	674.31
Vida útil à fadiga (ciclos)	137623	396370	-
Energia de deformação J/Kg	288.46	-	140.81

A tabela mostra que existe uma concordância bastante boa entre os resultados experimentais e os resultados da FEA nas posições de tensão L1 e L2. Pode também notar-se que existe uma variação considerável perto da manilha (localização L3). A variação pode ser atribuída à aproximação efectuada durante a modelação do MEF da junta de manilha, onde um elo está ligado a uma mola de lâmina. O movimento relativo entre a manilha e a mola de lâmina é conseguido através de graus de liberdade acoplados. Neste caso, o contacto efetivo entre a cavilha da manilha e o olhal do lâmina é negligenciado. O ângulo da manilha também é assumido. Estas aproximações podem produzir desvios em relação ao seu valor experimental. Na análise teórica, a mola de lâmina é assumida como uma placa plana. Aqui, as condições de aperto são negligenciadas. Por conseguinte, os resultados analíticos são muito diferentes dos resultados experimentais.

7.2 Comparação de resultados para molas de lâminas compósitas de carbono/epóxi

As variações da tensão de flexão com a carga nas posições L1, L2 e L3 são apresentadas nas tabelas 6.3 e 6.6. A partir do gráfico, é evidente que a tensão de flexão é maior no centro da mola de lâmina para a mola de lâmina composta. O gráfico 7.1, 7.2, 7.3 e 7.4 é uma caraterística da mola de lâmina de aço e da mola de lâmina composta. Mostra que a mola de lâmina composta tem melhor capacidade de resistência do que a mola de lâmina de aço.

Quadro 7.2 Comparação dos resultados para a mola de lâmina composta

Parâmetro	Valor analítico	Valor FEA	Expt. Valor
Carga (N)	3400 N		
Deflexão (mm)	28.26	-	25.23
Tensão de flexão em (N/mm2)	344.67	390.014	373.46
Vida útil à fadiga (ciclos)	3934303	530900	-----
Energia de deformação J/Kg	344.95	-	446.07

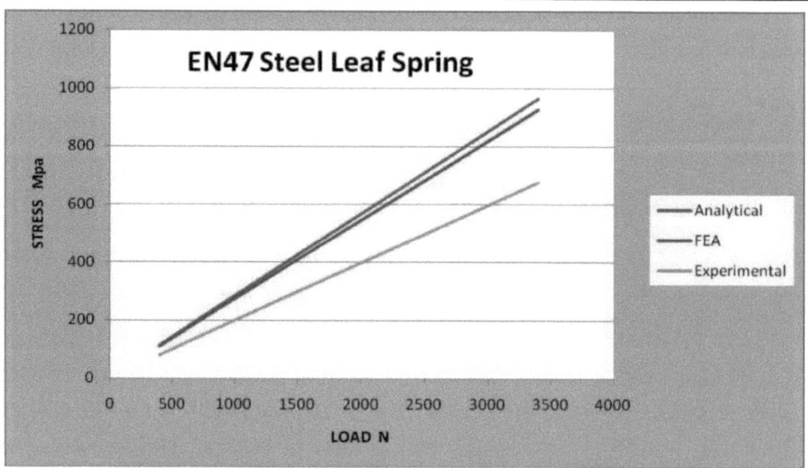

Gráfico. 7.1 Gráfico de carga vs. tensão de flexão [aço EN47]

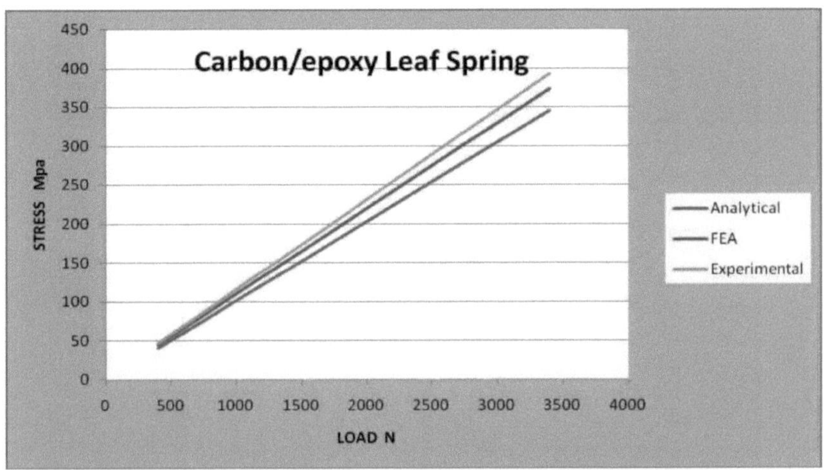

Gráfico 7.2 Gráfico de carga vs. tensão de flexão [Carbono/epóxi]

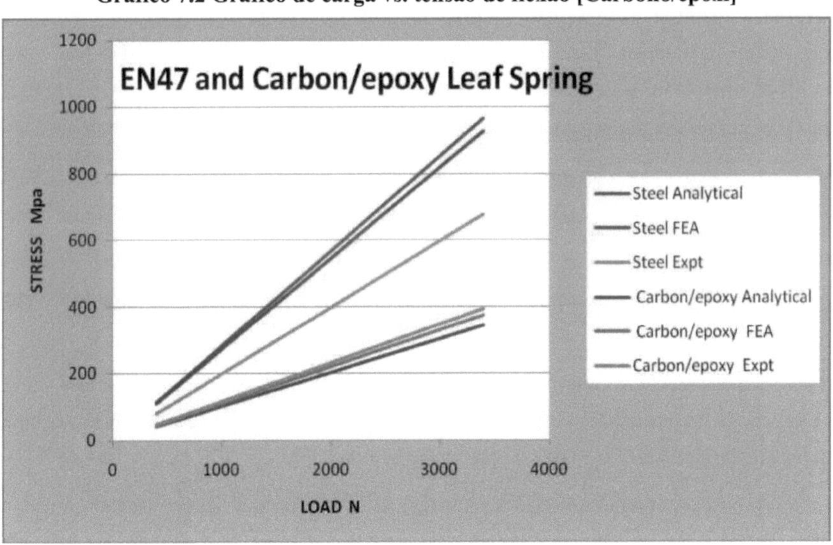

Gráfico 7.3 Carga vs. tensão de flexão [EN47 e mola de lâmina de carbono/epóxi]

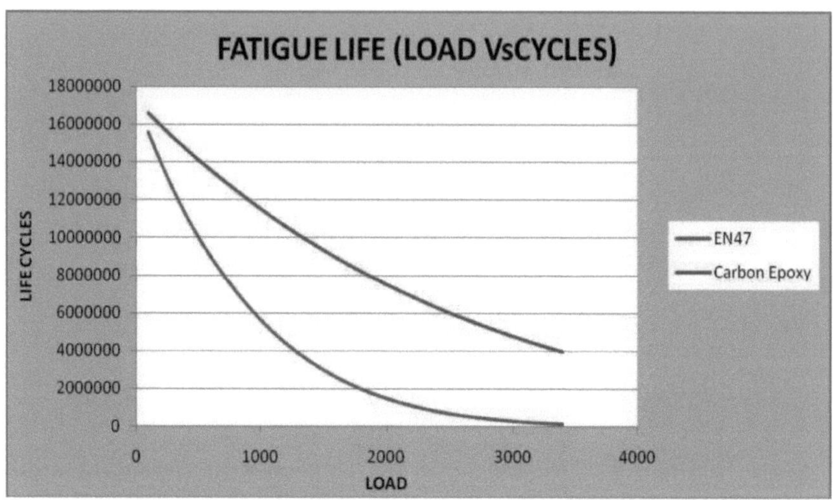

Gráfico 7.4 comparação da vida à fadiga da mola de lâmina EN47 e de carbono/epóxi

A carga estática para achatar a mola de lâmina é teoricamente estimada em 3400 N para a mola de lâmina EN47 e para a mola de lâmina de carbono/epóxi. É aplicada uma força vertical estática para determinar as curvas carga-tensão e a concordância com os resultados analíticos é boa.

O gráfico 7.1 mostra a curva carga Vs tensão para a mola de lâmina de aço EN47. Nesta análise, a FEA e a leitura experimental até à carga de 3400 N são comparadas para a mola de lâmina EN47.

O gráfico 7.2 mostra a curva carga Vs tensão para a mola de lâmina de carbono/epóxi. Nesta análise, a FEA e a leitura experimental até uma carga de 3400 N são comparadas para a mola de lâmina de carbono/epóxi.

O gráfico 7.3 mostra a curva carga Vs tensão para a mola de lâmina de aço EN47 e a mola de lâmina de carbono/epóxi. Nesta análise, a FEA e a leitura experimental até à carga de 3400 N são comparadas para a mola de lâmina EN47 e a mola de lâmina de carbono/epóxi.

O gráfico 7.4 mostra a comparação da vida à fadiga, em que a mola de lâmina de carbono/epóxi tem mais vida do que a mola de lâmina EN47, ou seja, a mola de lâmina de carbono/epóxi tem uma vida de 3934303 ciclos e a mola de lâmina EN47 tem uma vida de 137623 ciclos.

7.3 Comparação de resultados

A comparação entre molas de aço de várias folhas e molas compostas de uma folha baseia-se em factores como

7.3.1 Peso

O peso total da mola de lâmina de aço é de 3,160 kg e o peso da mola de lâmina compósita é de cerca de 2,460 kg. Assim, consegue-se uma redução de peso de cerca de 22,15%. Esta poupança de peso é ainda mais acentuada em aplicações de carga mais pesada. A redução do peso também aumenta a durabilidade geral e o desempenho do veículo.

7.3.2 Vida útil à fadiga

A mola de lâmina compósita apresenta uma vida à fadiga superior à da mola de lâmina de aço, como mostra o gráfico 7.4. A vida à fadiga da mola de lâmina de aço é de 137623 ciclos e a da mola de lâmina compósita é de 3934303 ciclos. A tabela 7.3 mostra a comparação dos resultados estáticos para a mola de lâmina de aço e a mola de lâmina composta. Uma vez que a mola de lâmina compósita é capaz de suportar a carga estática, conclui-se que não há qualquer objeção do ponto de vista da resistência também no processo de substituição da mola de lâmina convectiva por uma mola de lâmina compósita.

7.3.3 Força

A mola de lâmina compósita apresenta uma resistência superior à da mola de lâmina de aço, como se pode ver nos gráficos 7.1, 7.2 e 7.3. A tabela 7.3 mostra a comparação dos resultados estáticos da mola de lâmina de aço e da mola de lâmina composta. Uma vez que a mola de lâmina compósita é capaz de suportar a carga estática, conclui-se que não há objecções do ponto de vista da resistência, também, no processo de substituição da mola de lâmina convectiva pela mola de lâmina compósita. Para estabelecer a consistência dos resultados dos ensaios, é necessário efetuar ensaios extensivos em grande escala. Isto requer muito tempo e infra-estruturas, que estão para além do âmbito do presente estudo. Uma vez que a mola compósita foi concebida com a mesma rigidez que a mola de aço, considera-se que ambas as molas são praticamente iguais em termos de estabilidade do automóvel. A principal desvantagem das molas de lâmina compósitas é o custo e a resistência. Neste estudo, o fator custo provou ser ineficaz. No entanto, o material da matriz é suscetível de se lascar quando sujeito a um ambiente rodoviário desfavorável, o que pode, por vezes, quebrar as fibras na parte inferior da mola. Isto pode resultar numa perda da capacidade de partilhar a rigidez de flexão. Mas isto depende do estado da estrada. Em condições normais de estrada, este tipo de problemas não ocorrerá.

7.3.4 Energia de tensão

A energia de deformação total da mola de lâmina de aço é de 140,81 J/Kg e a energia de deformação total da mola de lâmina composta é de cerca de 446,07 J/Kg. A energia de deformação é, portanto, cerca de três vezes superior à energia de deformação. Esta capacidade de armazenamento de energia de deformação é ainda mais reforçada em aplicações de carga mais pesada.

Quadro 7.3 Comparação dos resultados para a EN47 e a mola de lâmina composta

Parâmetro	Mola de lâmina de aço	Mola de lâmina composta
Carga (N)	3400	
Tensão de flexão a (N/mm2)	674.31	373.46

Vida útil à fadiga (ciclos)	137623	3934303
Energia de deformação J/Kg	140.81	446.07

Assim, a mola de lâmina composta pode suportar cargas maiores do que a mola de lâmina de aço. Para além disso, a mola de lâmina compósita oferece vantagens significativas em relação às molas de lâmina múltipla em aço tradicionais, como se refere a seguir

i. Não requer adaptação especial de montagem ou braços de controlo para substituição.

ii. Redução de peso de uma folha de mola de taxa equivalente de 20 a 40 % em aplicações de veículos ligeiros.

iii. Resistência equilibrada à compressão e à tração do que as molas multi-folhas de aço.

iv. A geometria da mola está mais próxima de uma verdadeira viga de tensão constante.

7.3.5 Análise modal

A tabela seguinte mostra as primeiras cinco frequências naturais das três molas de lâmina monocompostas obtidas por análise modal:

QUADRO 7.4 Resultados da análise modal

CONJUNTO	EN47	Carbono/Epoxi
1	42.593	145.78
2	124.83	344.95
3	178.53	533.09
4	253.85	1008.3
5	419.75	1091.9
6	528.74	1731.3

CONCLUSÕES

No presente trabalho, uma mola de lâmina de aço foi substituída por uma mola de lâmina monocompósita devido à elevada relação resistência/peso para a mesma capacidade de carga e rigidez. As dimensões de um feixe de molas de um veículo ligeiro são escolhidas e modeladas utilizando o ANSYS 12. A análise foi efectuada utilizando o ANSYS, aplicando as condições de fronteira e a carga. As condições de fronteira são UY, UZ na extremidade do olho da frente. O material compósito de carbono/epóxi foi utilizado para a análise da mola de lâmina monocomposta. A análise estática foi efectuada.

- A partir dos resultados da análise estática, verifica-se que há um deslocamento máximo de 94,02 mm na mola de lâmina de aço e os deslocamentos correspondentes de carbono/epóxi são de 28,26 mm e todos os valores estão abaixo do comprimento de curvatura para uma determinada carga de 3400N.

- A partir dos resultados da análise estática, verificamos que a tensão de von-mises no aço é de 924,89 MPa e a tensão de von-mises no carbono/epóxi é de 373,184 MPa.

- Foi efectuado um estudo comparativo entre a mola de lâmina de aço e a mola de lâmina composta no que respeita à resistência e ao peso. A mola de lâmina mono-composta reduz o peso em 22,11% para o carbono/epóxi em relação à mola de lâmina convencional.

- A energia de deformação total da mola de lâmina de aço é de 140,81 J/Kg e a energia de deformação total da mola de lâmina composta é de cerca de 446,07 J/Kg. A energia de deformação é, portanto, cerca de três vezes superior à energia de deformação.

- Para a análise modal, são aplicadas as mesmas condições de fronteira e não é necessário aplicar a carga. As frequências naturais e as formas próprias são parâmetros importantes no projeto de uma estrutura para condições de carga dinâmicas.

- A partir dos resultados da análise modal, as frequências naturais da mola de lâmina de aço são de 42,593 Hz, 124,83 Hz, 178,53 Hz, 253,85 Hz, 419,75 Hz e 528,74 Hz.

- As primeiras seis frequências naturais da mola de lâmina composta de carbono/epóxi são 145,78Hz, 344,95Hz, 533,09Hz, 1008,32Hz e 1091,9Hz, 1731,3 Hz.

- Todos os resultados da FEA são comparados com os resultados teóricos e experimentais e verifica-se que estão dentro dos limites permitidos e são quase iguais aos resultados teóricos. Verificou-se que a rigidez da mola de lâmina em material compósito é superior à da mola de lâmina em aço.

- A mola de lâmina composta de carbono/epóxi pode ser sugerida para substituir a mola de lâmina de aço, tanto do ponto de vista da rigidez como da tensão.

ÂMBITO DE APLICAÇÃO FUTURA

➢ No presente trabalho, o material carbono/epóxi é utilizado para veículos ligeiros, podendo ainda ser utilizado para aplicações pesadas.

➢ Além disso, este facto pode ser estudado para a vida à fadiga experimental.

REFERÊNCIAS

[1]Gulur siddaramanna shiva shankar, sambagam vijayarangan, "Mono Composite Leaf Spring for Light Weight Vehicle - Design, End Joint Analysis and Testing" ISSN 1392-1320 Materials Science, Vol. 12, Issue 3-2006, pp-220-225.

[2]Mouleeswaran senthil kumar, Sabapathy Vijayarangan, "Analytical and Experimental Studies on Fatigue Life Prediction of Steel and Composite Multi-Leaf Spring for Light Passenger Vehicles Using Life Data Analysis" Materials Science, ISSN 13921320, Vol. 13, No. 2. 2007, pp-141-146.

[3]M. M. Patunkar D. R. Dolas "Modelação e análise de molas de lâmina compósitas em condições de carga estática utilizando a FEA" International Journal of Mechanical and Industrial Engineering, Volume 1 Issue 1-2011, pp-1-4.

[4]Shishay Amare Gebremeskel, "Design, simulação e prototipagem de uma mola de lâmina de compósito simples para um veículo ligeiro" Global Journal of Researches in Engineering Volume XII Issue VII Version I, 2012, pp-21-30.

[5]Mahmood M. Shokrieh e Davood Rezaei, "Analysis And Optimization of A Composite Leaf Spring", Composite Structure 60 (2003), pp-317-325.

[6]Kumar Krishan e Aggarwal M.L, "A Finite Element Approach for Analysis of a Multi Leaf pring using CAE Tools", Research Journal of Recent Sciences, ISSN 2277-2502, Vol. 1, Feb. (2012), pp-92-96.

[7]M.Venkatesan e D.Helmen Devaraj, "Design And Analysis of Composite Leaf Spring In Light Vehicle", International Journal of Modern Engineering Research (IJMER), ISSN: 2249-6645, Vol.2, Issue.1, Jan-Fev 2012, pp-213-218.

[8]G Harinath Gowd e E Venugopal Goud, "Static Analysis Of Leaf Spring", International Journal of Engineering Science and Technology (IJEST) ISSN: 09755462 Vol. 4 No.08 August 2012, pp-3794-3803.

[9]S.Venkatesh, A.K.Shaikh Dawood, S.S.Mohamed Nazirudeen, R.Karthikeyan, "Desenvolvimento de espuma de alumínio porosa para fabrico de folhas de veículos comerciais

Spring", Engineering Science and Technology: An International Journal (ESTIJ), ISSN: 2250-3498, Vol.2, No. 4, August 2012, pp-538-543.

[10] B.Vijaya Lakshmi e I. Satyanarayana, "Static And Dynamic Analysis On Composite Leaf Spring In Heavy Vehicle", International Journal of Advanced Engineering Research and Studies E-ISSN2249-8974,Vol. II, Issue I, Oct.-Dec.,2012, pp-80-84.

[11] M. Raghavedral, Syed Altaf Hussain2, V. Pandurangadu3, K. PalaniKumar4, "Modelação e análise de molas de lâminas compósitas laminadas sob a condição de carga estática através da

utilização de FEA", Revista Internacional de Investigação em Engenharia Moderna, ISSN: 2249-6645, Vol.2, Issue.4, julho-Ago. 2012, pp-1875-1879.

[12] Malaga Anil Kumar, T. N. Charyulu, Ch. Ramesh, "Design Optimization Of Leaf Spring, International Journal Of Engineering Research And Applications" ISSN: 2248-9622, Vol. 2, Issue 6, novembro-dezembro de 2012, pp-759-765.

[13] Heinz-Gunter Reichwein, Paul Langemeier, Tareq Hasson, Michael Schendzielorz, "Light, Strong And Economical - Epoxy Fiber-Rein forced Structures for Automotive Mass Production", Hexion Specialty Chemicals, pp-1-20.

[14] Yogesh G. Nadargi, Deepak R. Gaikwad e Umesh D. Sulakhe, "A Per formance Evaluation Of Leaf Spring Replacing With Composite Leaf Spring", International Journal of Mechanical and Industrial Engineering, ISSN No. 2231 - 6477, Vol-2, Iss-4, 2012, pp-65-68.

[15] Dr. A.Siva Kumar, N.Anu Radha, C.Sailaja, S.Prasad Kumar & U.Chandra Shekar Reddy, "Stress Analysis And Material Optimization Of Master Leaf Spring", IJAIEM, ISSN 2319 - 4847, Volume 2, Número 10, outubro de 2013,PP-324-329.

[16] Supriya.Koppula e G.S.R.Sunand, "Static Analysis Of Composite Mono Leaf Spring", International eJournal of Mathematics and Engineering, ISSN 0976 - 1411, 146 (2012), PP1331 - 1337.

[17] www.alloysteels.com/alloy-steel/b-s-en47.

[18] R. M. Jones, "Mechanics of Composite Materials". 2e, McGraw-Hill Book Company, 1990

[19] M. A. Boyle, C. J. Martin, "Handbook Of Composite Materials Epoxy Resins".

[20] P. Beardmore, "Composite Structure for Automobiles", 1986, pp- S.162202.

[21] R.S. Khurmi, J.K. Kupta. "A Text Book of Machine Design", 2000, Chapter. 23, pp.866-874.

[22] S.S.Rao, "The Finite Element Method in Engineering". Third EditionButterworth Heinemann Publications-2001.

Printed by Books on Demand GmbH, Norderstedt / Germany